0《ゼロ》の裏側

数学と非数学のあいだ

中沢新一
千谷慧子
三宅陽一郎

コトニ社

はじめに

「月の裏側」とは、実在しているのに見ることのできないもの（こと）を象徴する言葉である。太陽に照らされている側は見えるのに、その裏側は地球からは見えない。しかし見えないからといって、実在していないわけではない。月の裏側に回り込むことのできる衛星を飛ばすことができれば、いままで見えなかった月の裏側の光景が見えるようになる。

そこからの連想で、私たちは「0《ゼロ》の裏側」という言い方によって、実在しているのにもかかわらず、理性で理解しつくすことのできない、数学的世界のいわば「裏側」の光景のことを表現しようとしたのである。「0」という数学記号は、理性の光が照らし出す数学的世界の「表側」を代表しているが、その「0」には月の場合と同じように「裏側」があって、そこまでは理性の光は届いていない。数学的世界が完全なものであろうとするならば、この「0の裏側」のリアリティを理性的な「0の表側」のリアリティと合体させる試みをおこなってみる必要がある。

私たち三人は、理性のとらえている世界には、その「裏側」があると考えている。なぜなら理性のとらえている世界には、かならずどこかにバグが存在していて、どんなに矛盾のない論理的に完全な表現をつくりだしてみても（完全性定理）、バグを完全に除去してしまうことができないからである（不完全性定理）。バグとは矛盾のない論理的表現のつくりだす平面に穿たれている「穴」のようなものであり、その「穴」からはなにかの有意味な情報が漏れ出している。それは「裏側」の領域から漏れ出している未知の感触を持っている。そして「穴」から漏れ出しているそれらの情報は、数学的平面に新しい概念を創出するよう、進化を促すのである。

私（中沢）は、ロゴス的理性のとらえている世界の「裏側」に張り付くようにして実在している別種類の世界に「レンマ的」という名前を与えて、その内部構造に接近することを可能にする学問的方法を探究してきた。この接近を可能にするためには、大乗仏教が開発してきた「レンマ的」な超越論的論理学の手助けが必要であった。そのような超越論的論理学のもっとも完成形に近いものを、私は『華厳経』の中に見出した。私の著した『レンマ学』（講談社）では、この仏教による超越論的論理学を、現代科学の諸領域につなぐことのできる、新しい形に生まれ変わらせようとした。

『レンマ学』によって、私は西欧で発達した論理と東洋で発達した別種の論理とをつなぐことのできる、学問における「平均律」を生み出そうとしたのである。この音楽との比喩は、明確な根拠を持っている。ヴェルクマイスターとバッハによる「平均律」の発明は、それまで簡単に互いに移行しあうことの困難だった「自然音階」の間を自由に行き来できる、新しい調律法を生み出すことによって、さまざまな旋法の間を「転調」によって、自在に行き来できるようにして、西欧音楽に飛躍をもたらした。それと同じようにして、西欧的論理と東洋的論理の間の自由な行き来を可能にし、「転調」による二一世紀の新しい論理表現を生み出すために、私は『レンマ学』を書いたのである。

この本を書いていたとき、このような思考を大方の数学者はぜったいに認めないだろうという、なかば諦めに近い「確信」を抱いていた。ところが二〇一九年にこの本が出版されてからしばらくして、札幌から一通の手紙が送られてきた。その手紙は千谷慧子という数学者からのもので、そこには『レンマ学』の内容に対する共感が綴られてあった。

千谷慧子は現代的集合論を専門とするプロの数学者であり、中沢は数学に対してアマチュアとしての関心を抱き続けてきた哲学的人類学者である。中沢は『レンマ学』において、『華厳経』にもとづく思考の転回を目論んだが、そのさい現代数学の最前線で起こっていることがこの転回と深く関係していることを、その本の中で語った。それに千谷が強い関心を抱いたのである。

千谷はイリノイ大学の竹内外史教授の共同研究者として、直観主義集合論の研究を続けてきた。しかも東京大学の学生の頃の担当教官は『華厳経の世界』の研究者としても名高い数学者末綱恕一教授であった。彼女は『レンマ学』の中に、現代的集合論が向かっているところと『華厳経』とを結びつけているたしかな環を直観した。

それから対話が始まった。二人はしだいに現代的集合論の向かっている方向のさきに、『華厳経』に描かれている法界（ダルマダーツ）の構造と論理に酷似した「レンマ的」原理を持つ世界が広がっていることを、認識するようになった。この「レンマ的」な法界そのものは、「ロゴス的」な論理の体系によって表現し尽くすことのできない、いわば「数学の裏側」である。しかしこの「数学の裏側」

についての直観的認識は、現代的集合論を長年研究してきた彼女には、『レンマ学』を読む以前から、すでになじみのものであった。

竹内外史の努力は、直観主義論理や量子論理や層理論などによって、現代集合論を拡張していくことに傾注されていた。その精神を受け継いだ千谷慧子は、現代的集合論の「層理論化」を推し進めることによって、集合論にある「穴＝バグ」を縮小する道を探り当てようとした。そして彼女の中で、そのような探究を突き動かしているものが、『華厳経』に描かれているような法界への直観であることを、ますます深く実感するようになっていった。

そこで私たちは、お互いが得意とする表現手段を用いて、数学的世界の「裏側」への道案内の本を書いてみようと、考えるようになった。ただそこには一つ問題があった。千谷が得意とする表現法と言えば、徹底した形式主義によって厳密に論理を展開する、現代的集合論によるそれである。これは楽譜を読む訓練をしたことのない人に、いきなり交響曲の総譜を手渡すようなもので、普通の読者にはまるっきり読むことのできない難物である。じっさい何人かの編集者たちに出版の可能性を相談しても、「このご時世ですし残念ですが……」のお断りが返ってくるばかりだった。

このとき二人の救世主があらわれた。一人は数理科学の専門家で東洋思想にも深い理解と造詣を持つ三宅陽一郎であり、もう一人は冒険的な出版に意欲を燃やす、コトニ社の後藤亨真である。三宅陽一郎は独特のポピュラライズの才能を発揮して、千谷の形式論理学による難解な「文章」を、イラストを駆使した豊かな直観を誘う読みやすい別種の文章へと「翻訳」してくれたのである。この翻訳によって千谷慧子の意図した思想は、とかく数学に尻込みしてしまいがちな一般読者の理解にも、ほぼ正確な形で開かれることになった。三宅によるこの翻訳がなければ、コトニ社での出版さえ危うかったのであるから、この本は千谷と中沢と三宅の三人によるものと言って間違いがない。

中沢新一

目次

第1章

導入

——中沢新一

私は『レンマ学』（講談社）という本を書いたとき、代表的な大乗仏典である『華厳経』を、現代によみがえらせようと試みました。[1] 大乗仏教の基本的な考えは、「縁起」の思想にあります。縁起思想は事物を孤立したものととらえません。あらゆる事物は互いに相依相関してつながりあっており、そこでは「一」という個物と「多」という全体は、即応しあいながら運動しているという考え（「一即多、多即一」）です。この縁起思想を全面展開したのが『華厳経』という仏典で、そこには仏教思想に内蔵されている思想的な可能性が、羽根をいっぱいに広げたガルーダ（金翅鳥）のように、堂々と繰り広げられています。

私は大乗仏教で展開されてきたこの縁起の思想の本質を、「レンマ」という概念として鋳直することによって、縁起思想を現代人が活用できる思想に作り直そうとしました。現代人の思想はその多くが西洋哲学の「ロゴス」の歴史的展開として営まれており、そこでは「レンマ」の考え方は表面に出てくることがありません。むしろ「レンマ」を忘却することの上に、西洋哲学はなりたっています。私が『レンマ学』で試みたことは、盤石で堅固なこのような支配的結構を覆して、「レンマ」的な知性を土台に据えた、未知の精神の科学を生み出すための第一歩を踏み出すことでした。

その試みを進めるなかで、『華厳経』を丹念に読んでいるとき、私はそのお経に「数」に関わる記述がたくさん出てくることに気づきました。しかもそこに出てくる数は、私たちがふつうの計算で用いている「数え上げる」ことを目的とした数（これを数としての個体的な性質を持っている「自性を持つ数」と呼ぶことにしましょう。自性とは「不変の性質」という意味です）ではなく、縁起の作用によって他のすべての数につながりその影響を引きずりながら存在している数（この数を「縁起的な数」または「自性を持たない数」と呼ぶことにしましょう）のことなのです。『華厳経』ではこういう縁起論的な「自性を持たない数」でおこなう算法についてまで、くわしく考えようとしている形跡がうかがえます。

このことは唐の時代に起こった中国の華厳宗の思想家たちにも、早くから注目されていました。なかでも華厳宗第三祖と言われる法蔵は、主著『華厳五教章』においてこのような「自性を持たない」縁起的数をめぐる数論を展開しています。[2] 存在の根元である法界（ダルマダーツ）は「自性を持たない」縁起的数の原理で貫かれている世界であり、その原理によって運動し変化していく空間に他ならないと考えた法蔵は、縁起的数論を掘り下げることの重要性を認識して、当時の中国でおこなわれていた数学的知識の限界内ではありますが、そのあたりの数論問題に果敢にアタックを試みたのでした。

縁起的数論に関する法蔵の記述を、『華厳五教章』からじっさいにいくつか取り出してみましょう。

一がそのまま十であるからこそ、一と名づけるのである。どうしてかというと、ここでいわれる一とは、いわゆる一ではなく、縁によって成り立つ、実体性のない一である。そこで、一がそのまま多であるものを一と名づけるのである。もしもそうでなければ、一とは名づけない。どうしてかというと、それは、それ自体の本性にもとづくことになるからである。だから、縁をもたず、したがって一を成立させないのである。[3]

ここでは次のような注目すべきことが言われています。数が「自性」を持っていると、他と縁起することがないので、個物を集めた「集合」ができます。ところが「自性を持たない数」の場合には、どの数もつねに他の数に相即相入しているので、どの数も個物として扱えません。数の世界の根底には、縁起的＝レンマ的な「自性を持たない数」があって、それを抽象化してはじめて、個物として扱うことのできる「自性を持つ数」とその集合が出来てくるのであって、その逆ではありません。数学の集合論はこのような「自性を持つ」数を自明の存在として扱っているが、『華厳経』の立場からは、そのような集合論はまだ数というものの根底に達していないことになります。集合論にはまだ先がある、と言っているわけです。

集合論の重要な概念である「無限（無尽）」についても、法蔵は次のように書いています。

問う。それは、一という数が、それ自身に具わる無尽の重複を包み込んでいるということか、それとも、一以外の数に具わる無尽をも包み込んでいるということか。

答える。一以外の数に具わる無尽もともに包み込んでいるともいえるし、一という数そのものに具わる無尽を包み込んでいるだけだともいえる。どうしてかというと、もしも一という数そのものに具わる無尽がなければ、それ以外の一切の数に具わる無尽は、みな成り立たないからである。だから、初めの一という数の同体の範疇に、同体・異体の二つの範疇に具わる無限の無尽を摂めとっている。完全・究極の真実の世界のはてまで、すべてを摂めつくしているのである。……それ以外の数の領域は虚空のようなものであるからである。互いに関知しないからである。一は一の領域だけで何の不足もないからである。だから、さらに摂めとるべきものは何もないということになる。(4)

通常の数え上げるための「自性を持つ数」は、お互いを関知しあいません。ところが縁起によってつながりあっている「自性を持たない」レンマ的な数は、お互いを関知しあっています。そのためどんな「一」も、自身の中に無尽(無限)を内包することになります。カントールは彼の無限集合論を創造していたときに、ここで法蔵が言っている「自性を持たない数」に限りなく接近していました。じっさい超限数は「自性を持たない数」ですが、(5) カントールはそれを数え上げられる数の延長上に組み入れて、無限集合論をつくりました。

しかし多くの数学者は最初、カントールの試みに反対しました。彼らは数え上げの能力を示す「自性を持つ数」を自明のものとしていましたから、クロネッカーのような優れた数学者でさえ、カントールの無限集合論はファンタジーであると批判しました。ところが『華厳経』の立場に立つと、カントールの試みには有力な理があります。人間の心の本体をなす法界では、「自性を持たない」縁起的数だけがリアリティをもっていて、それ以外の数は虚空のようなものとしてリアリティを持っていません。カントールはおそらくこのような数の法界に踏み込んでしまっていたために、無限集合論に整合性を持たせるためには超限数のような「自性を持たない数」が必要であると考えたのだと思います。

これから私たちは、日常生活でも数学者の世界でも常用されている「自性を持つ数」のことをたんに「数 number」と呼び、縁起によって互いに相即相入しあうことによって無尽のつながりを形成している「自性を持たない数」のことは、「人間もどき＝アンドロイド android」を模して、「ニュメロイド＝数もどき numeroid」と呼ぶことにしましょう。分別的な知性(ロゴス的知性)の空間を満たしているのは「数」ですが、真如をとらえることのできる無分別的な知性（レンマ的知性）だけでつくられている法界の空間はニュメロイドによって満たされ、ニュメロイドにふさわしい結合法則によって、運動したり変化したりしています。

これからその縁起論的な「ニュメロイド空間」における数論を詳しく見ていくことにしましょう。法蔵は『華厳五教章』において、法界を満たす（私の言うところの）ニュメロイドが、複素数の構造を持つことを示しています。この性質はニュメロイドが互いに相即相入しあっていることからもたらされます。縁成によるニュメロイドはそれぞれが空から生起した有として、空有の構造を持っていなければなりません。有の部分は通常の「数」と同じで、他の「数」に入り込んでいくことができませんが、空有の構造を持つニュメロイドは、空を介して他のニュメロイドに相即相入していくことができるからです。このとき空を介しての法界の力の出入りも起こります。すなわち「作用」が発生します。法蔵はそれを「力用《りきゆう》」と名づけます。

この力用が法界に満ちているために、ニュメロイドは複素数の構造を持つことになります。有に向かって現象化をめざす力用が強いニュメロイドは、勢力が表面化して現実世界に顕現してきます。するとニュメロイドの「実（real）」部となりますが、相対的に力用の弱いニュメロイドは、空として裏面に「虚（imaginary）」部として隠伏するようになります。しかし裏面に隠れているそのニュメロイドの虚部に他のニュメロイドが縁起作用することによって、力を得て有に転ずるときには、こんどはそれまで実部として表面に出ていた部分が裏面に沈んで、虚部に隠伏するようになります。こうして法界に力用がみなぎっていることによって、ニュメロイドは複素数の構造を持つことになります。

レンマ的な縁起数＝ニュメロイドは、相即相入しあうことで、たえまなく新しい状態を生み出しています。法界はこのようなニュメロイドに充填されているわけですから、法界の「数学的構造」を探るためには、ニュメロイドを表現する構造を確定し、ついでニュメロイド同士が作用しあう様子を、作用素（オペレーター）の「積」として表現することが必要です。

ニュメロイドは自分の内部に無尽を内包しています。「一」の中に無数の「多」が畳み込まれ、自身の力用によってたえまなく相互作用をしています。このようなニュメロイドを普通の「数」として表現することはできません。ニュメロイドとしての縁起的＝レンマ的数は、「一即多、多即一」として変化する「マトリックス matrix」として表現するのが、いちばん実態に即しているように思われます。ニュメロイド・マトリックスは無限次元を持っていますが、ここでは話を簡単にするために、つぎのような二次元のマトリックスで考えてみます。

$$\overset{*}{A} = \begin{bmatrix} A_{11} & A_{12} & A_{13} & \cdots\cdots \\ A_{21} & A_{22} & A_{23} & \cdots\cdots \\ A_{31} & A_{32} & A_{33} & \cdots\cdots \\ \cdots\cdots & \cdots\cdots & \cdots\cdots & \end{bmatrix}$$

この図でマトリックスの各要素は $A_{n,n'}$ の形をしていますが、これは A_n から $A_{n'}$ へ向かう作用を表わすとともに、作用の結果発生する変化を示しています。法蔵によるとそのときの作用によって「振動」が発生します。『華厳経』ではこの振動が、柔らかい楽器の音響や迦陵頻伽《かりょうびんが》のような鳥の歌声として比喩的に表現されていますが、それを法蔵は抽象化して振動ととらえるのです。

法界に響きを生み出しているこの振動について、法蔵は次のような重大な指摘をおこなっています。すなわち、相即相入する「自性を持たない数」であるニュメロイド同士が相入を起こすとき、「それぞれのものが、自己の位置を動かないままに、常に行ったり来たりするのである。どうしてかというと、行ったり来たりすることと動かないこととは同じものだからである[6]」。法界に作用が起こると事物は振動するが、振動することで動きながら不動である状態が保たれています。

この振動は、各マトリックス要素が作用しあうことで生み出されますが、このマトリックス要素は複素数の構造をしたニュメロイドですから、力用の違いによって顕在する実部と隠伏する虚部を行ったり来たりしています。そしてこの行ったり来たりの内から、法界は現実世界を現象させています。数学的な言い方をすれば、複素数構造をした生成のなかから、現実数（実数）的な「量」が現れてくることになります。そうなると法界を数学的に表現するためには、各マトリックス要素は複素数でありながら、それらが相互作用するとき、なにか実数的なものが出てくるような、作用素間の「積」が生まれてこなければなりません。

これに関して『華厳五教章』は驚くべき思弁を展開しています。その思弁を私なりに現代的に解釈してみますと、力用の相入によって起こる法界空間の振動には、振動数の間に特別な結合法則がなりたっている、という主張になります。法蔵は法界の縁起世界においては、動と不動の矛盾的自己同一が実現されていると考えます。異なる振動数を合成しても、かならずこのマトリックスのどこかにその合成された振動数を受け入れる場所があり、マトリックスの内部でたえまなく生起している無数の作用をつうじても、マトリックス自体は変化しません。こういう振動数間の結合法則があることによって、「自位動ぜずして而も恒に去来す（自己の位置を動かないまま、恒に行ったり来たりする）」（『華厳五教章』）状態が、マトリックスとしてのニュメロイドに実現されているわけです。

こういうことが実現されるためには、振動数（これを $\nu_{n,n'}$ と書くことにします。n から n' への変化から生じる振動数のことです）の間に、次のような関係がなければなりません。そうでないとマトリックスが受け入れることのできない振動数が発生してしまって、全体が安定しなくなり、「自位動ぜず」の状態が生まれないからです。ふつうの考えですと $\nu_{n,n'}$ と $\nu_{n',n''}$ を合成すると、n のものでも n' や n'' のものでもない振動数が発生してしまって、マトリックス自身が変化を起こしてしまいます。そういう変化が起きないためには、振動数の間に次のような結合法則が成り立っていなければなりません。

$$\nu_{n,n'} + \nu_{n',n''} = \nu_{n,n''}$$

この関係があれば、どんな振動数同士の間に作用が起きても、作用の結果は必ずマトリックスのどこかにある振動の場所に、落ち着くことになります。このとき同一振動数を持つ要素を全部足し合わせて、マトリックスの新しい要素とすれば、それが「自性を持たない」縁起的な数すなわちニュメロイド同士が作用しあって生まれる「積 product」となります。

こうして法界を満たす「自性を持たない」ニュメロイドAとニュメロイドBの作用から生まれる積を、次のようなマトリックスの形で書くことができます。

$$
AB=\begin{bmatrix}
\sum_n A_{1,n}B_{n,1} & \sum_n A_{1,n}B_{n,2} & \sum_n A_{1,n}B_{n,3} & \cdots \\
\sum_n A_{2,n}B_{n,1} & \sum_n A_{2,n}B_{n,2} & \sum_n A_{2,n}B_{n,3} & \cdots \\
\sum_n A_{3,n}B_{n,1} & \sum_n A_{3,n}B_{n,2} & \sum_n A_{3,n}B_{n,3} & \cdots \\
\cdots & \cdots & \cdots & \cdots
\end{bmatrix}
$$

このようなマトリックスは作用の順序を入れ変えると違う結果をつくりますから、「非可換」の性質を持つことがわかります。こうして『華厳経』に描き出された法界は、数学的な表現をすれば、非可換な空間構造をしていることになります。

さて、ここまでの議論をお読みになった方は、法蔵がその厳密な思弁をとうして明示してみせた法界の数論的な構造が、現代の量子論によって確立されてきた物質の極微な世界で働いている量子論的演算法と、ほとんど瓜二つであることにお気づきになったことと思います。ハイゼンベルクが量子論の最初の定式化に成功したとき、彼は量子の世界がまるで法蔵の描く法界のように運動していることを見出しました。そのとき彼を導いていた科学的思弁は、いままで説明してきた『華厳五教章』における法蔵の哲学的思弁の道筋と、驚くほど似ているのです（ハイゼンベルクのこのときの推論法の道筋については、朝永振一郎『量子力学Ⅰ』[7]にくわしい説明があります）。

『華厳経』は、法界はその全域にわたって運動と変化を繰り返しているにもかかわらず、全体は微動だにしないという、「自位動ぜずして而も恒に去来す」の状態を保ち続けます。この表現は法界に充満する振動の間には、異なる振動同士の間に力の「相入」が起こっても、法界に入れることのできない異常な振動は生まれない、と言っていることになります。ハイゼンベルクの時代の原子物理学には、振動数の間に「リッツ＝リュドベリの結合則」が成り立っていて、電子の相互作用などに安定を生み出していることがわかっていました。ハイゼンベルクはこの結合法則を用いて、量子論を「マトリックス力学」として定式化することに成功しました。私が注目したのは、そこにいたる彼の思考が、法界の存在構造をめぐって法蔵が展開したレンマ＝縁起論的思弁と、ほとんど同じ結構を示しているという事実でした[8]。

その後複雑に発達した量子論では、このような発見時のエピソードはほとんど歴史的な興味しか持たれていないようで、マトリックス力学自体が、ヒルベルト空間上の作用素環の計算理論としての現代的な量子論のなかに、深く埋め込まれて見えなくなってしまっています。しかし量子論は今日でも科学理論としては多くの謎を含んでいます。人類の日常生活の奥深くまで量子論は入り込み利用されているにもかかわらず、その理論の土台は未だに科学としては不可解な部分を内包しています。そしてその不可解な部分のほとんどが、レンマ的な思考法の潜伏に起因しているように思われます。

量子論の抱える不可解さの理由は、量子論に深く埋め込まれた核心の部分に、レンマ的な縁起論的思考が生き続けているからだと、私は考えています。レンマ的知性をロゴス的知性によって完全に論理化・形式化することは不可能です。ロゴス的知性によってレンマ的知性を制圧したり、絶滅させてしまうことも不可能です。人類の脳では、この二つの知性が協働しあって「人間のこころ」をつくりあげています。人類の科学がこの「人間のこころ」の自然な発達を呼び覚まそうとするものであるかぎり、私たちはレンマ的知性への通路をふさいではならないのです。

もうここまで来ましたら、『華厳経』と現代数学のつながりが、ご理解いただけたと思います。『華厳経』に登場してくる「数」や「数論」は、縁起論的なニュメロイドとして、現代集合論の先端で起こっている変容に、深く関わっています。またその現代集合論は量子論の影響を受けて、「量子論理」を自分のなかに組み込んだ拡張を試みていますし、それと深く関係している「層」や「トポス」や「様相論理」なども、現代集合論の拡張にとって重要な役割を果たそうとしています。そうした拡張にとって、『華厳経』に展開されたレンマ的＝縁起論的思考の理解はきわめて重要です。『レンマ学』は未来に開拓されてくるだろう、新しい思想の領野を開こうとしています。

注

（1）『華厳経』Gandavyuha Sutra は四世紀頃の中央アジアで成立した大乗仏教の経典。悟りを得て間もない頃のブッダの思想をあらわしているという設定で、心の本性である法界そのものの解明が主目的となっている。そのため法界の構造を探るためにはまたとない価値を持っている。

（2）法蔵（六四四―七一二年）の先祖は現在のウズベキスタン・サマルカンド出身で、法蔵が生まれた頃は唐の長安に住んでいた。智厳に『華厳経』を学び、のちに華厳経学の実質上の大成者になった。『華厳五教章』をはじめ『華厳経探玄記』『大乗起信論義記』などの著作がある。

（3）『華厳五教章』「十玄縁起無礙法門」、『レンマ学』講談社、二〇一九年、二一九頁。

（4）『華厳五教章』同上、『レンマ学』二二〇頁。

（5）「自性を持つ」とか「自性を持たない」という言い方は、「同一性を持つ」とか「同一性を持たない」と解釈すれば、精神分析学的な概念となる。カントールの発見した超限数の概念の構造の中に、同一性を持てない「決定不能性」を見出す精神分析学者の中には、カントールの陥った精神障害の原因をそこに見ようとする人たちもいる。Nathalie Charraud, *Infini et Inconscient: Essai sur Georg Cantor*, Anthropos, 1994.

（6）『華厳五教章』同上、『レンマ学』二二七―二二八頁。

（7）朝永振一郎『量子力学I』みすず書房、一九五三年。

（8）ハイゼンベルク（一九〇一―一九七六年）の思想には古代ギリシャの哲学からの影響が強い。とくにプラトンの自然科学論である『ティマイオス』から大きな影響を受けたが、プラトンのこの本は当時のギリシャにおこなわれた科学ではなく、旅の最中に出会って親しく学んだエジプトの神官から、多くの知識を得て書かれたものであるため、そこに東方的な思想の要素をたくさん見出すことができる。そこには「コーラ」という「マトリックス（母型）」の概念も出てくる。

第2章

数学とレンマ学

——中沢新一

ロゴスとレンマ

『レンマ学』において私は、ロゴスと異なる知性に基づく、新しい「学」の見取り図を描こうと試みた。ロゴスとは異なる働きをするその知性と、私たちは日常的なつきあいをしている。しかしロゴスが言語と一体となって、あるいは言語を通して、表立った活動（顕在的活動）をしているのにたいして、このもう一つの異なる知性というものは、潜在空間からの働きかけしかしないので、まるで実在していないもののように思いなされている。そういう知性にたいして、古代ギリシャ人は「レンマ」という名前を与えた。レンマ的な知性は、それを実在として取り出すことはできないが、私たちの心の働きを完全なかたちで理解するためになくてはならない心的作用の概念である。

レンマ的知性は「直観」と呼ばれるものと多くの共通点を持つ。私たちは日常で直観を働かせながら生きているが、この直観はものごとを言語のように線状的に並べて理解するのではなく、一気に、まるごと把握するやり方で理解するのである。また直観の働きにおいては、「分別」を構成する論理的な規則の多くが解除されている状態で、認識がおこなわれる。「分別」を構成する論理的な規則として、（1）同一律（2）矛盾律（3）排中律の三つをあげることができるが、直観はこれらの規則を解除した状態で、世界認識をおこなう。そうした直観のもつ多くの特徴が、レンマ的知性に共有されている。

このレンマ的知性の働きについて、もっとも深い探究をおこなったのが仏教思想、特に大乗仏教の思想である。そこでは「分別」する知性にたいして「無分別」の知性の根源性が強調され、二つの知性形態の違い、「無分別」からの「分別」の分岐、「分別」的な知性の生みだしている世界を脱構築する方法などが、詳細に研究された。そこで現代的な「学」としての「レンマ学」をつくりあげるために、私は大乗仏教のおこなった思想的探究から多くのものを吸収して、これを現代的に改造する試みをおこなったのである。

この探究の第一歩とも言うべき『レンマ学』という著作において、特に多くの頁を割いて考察が加えられたのが、言語と数の問題である。言語学は長い間言語をコミュニケーションのツールとして研究してきた。言語とは話者が伝えたいと思っている「内容」を相手に伝えるためのツールであるという考えである。この考えによれば、内容には一定のまとまりのある意味があり、それが間違いなく相手に伝えられるとき、言語は本来の機能を果たす。言語の仕組みを見ると、音韻のレベルから始まって意味のレベルにいたるまで、弁別（分別）的差異の機構としてできているから、言語とは分別をおこなうロゴス的機能の集積体として理解されることになる。

ところが言語学の対象として「詩的言語」というものが取り上げられるようになって以来、言語の深層部にロゴス的機能とは異質な働きをする「レンマ層」が、浮上してくることになった。詩的言語のこの層では、ロゴス的機能の大きな特徴である線型（線状）性が背後に退いて、音から意味のレベルにいたるまで言語表現の全体が、相依相関性を持つようになる。音が相互に響き合い、意味は隠喩や換喩のメカニズムを利用して互いに重なり合って、そこからめざましい「第三の意味」が発生してくる。詩的言語は言語による一種の「レンマ空間」をつくりだそうとしているのである。

この様子を見た言語学者の中には、詩的言語は通常の言語を基礎材に用いて、そこに変形を加えて作られた二次的創造にすぎないと考える人たちも多かったが、この考えは正しくない。フロイトの発見が示すように、隠喩や換喩のメカニズムは、主客が未分離の状態にある無意識のおこなう原初的な「言語活動」を動かしている機構そのものであり、言語のロゴス的機能はこの無意識の機構に変形を加えてつくられてくる。それに合わせて主客の分離が意識に発生してくる。言語のロゴス的機能は、相互につながりあったネットワーク状のレンマ空間を分解変形することによって「二次的に」つくりだされるのであって、その逆ではないからである。

このように、言語はレンマ空間の構造をもった意味生成層と、それを線状的構造に変形して事物の分別を可能にするロゴス的機能との、複合体であることがわかる。レンマ空間とロゴス的機能が接触する境界面上では、詩的言語が夢などとともに活動しているが、現実世界に近づくにつれて、分別的なロゴス的機能が前面に躍り出てくるようになる。するとレンマ空間は「無意識」の領域に沈んでいく。「レンマ派言語論」と名付けられた私たちの新しい言語学は、レンマ空間とロゴス的機能の共在からなる、この言語の全体性を横断−縦断する科学となる。

同じことが、数学の世界でも起っている。数と論理からなる数学が、経済的に秩序づけられた一つの言語活動にほかならないからである。あらゆる言語活動がレンマ空間に包み込まれている（基礎づけられている）のであるから、当然のこととして思考経済的な言語としての数学も、レンマ空間に基礎づけられているはずである。しかし古典論理によってコード化されてきたこれまでの数学は、レンマ空間を支配する別の論理に近づいたり接触するのを、慎重に避けてきた。数学の基礎にあるレンマ空間に少しでも踏み込むと、古典論理の原則である同一律、矛盾律、排中律が正常に働かなくなるからだ。それゆえ数学をレンマ空間との接続領域にまで「拡張」していくためには、古典論理の原則を破っていく別の論理を開拓していかなければならない。

そのような拡張された数学をつくりだす試みが、じっさい現代数学にあらわれはじめている。ブラウワーとハイティングによる「直観主義数学」、量子力学に端を発する「量子論理」、グロタンディークによる「トポス論理」などがそれで、そこでは積極的に排中律を解除してもなりたつ、合理的な数学をつくりだす試みがおこなわれている。私はこうした一連の現代的動きを、言語学における詩的言語の「発見」という出来事に正確に対応する、数学におけるレンマ空間への踏み込みとして理解している。それは数学的知性の母胎の発見を意味している。

これから私は、その数学的知性の母胎から、いかにして数学的思考が生まれ出てくるかのプロセスを素描する試みをおこなおうと思う。フッサールは『論理学研究』において、前‐数学的直観の内からいかにして数学的ロゴスが生まれ出てくるかを現象学的に記述する試みをおこなった。これにたいしてレンマ学の試みは、フッサールとは逆の道筋をたどって、いかにして母胎たるレンマ的空間の位相転換と忘却化をつうじて、(古典的な意味合いにおける)数学が生まれ出てきたのかを明らかにしようとするものである。これをとうして私は、直観主義、量子論理、トポスなど現代数学に出現している新しい傾向のよって来たる源を、開き明らめたいのである。

それをおこなうとき、大乗仏教の「法界(ダルマダーッ)」という概念が重要な働きをすることになる。これまでレンマ的空間のなりたちやその論理的構造について、この大乗仏教の法界という概念ほど周到で行き届いた究明は、これまでおこなわれたことがなかったからである。私たちはこの概念の潜在能力をフルに活用することによって、仏教哲学と現代科学との間に確実な架橋を実現したいと思う。

数学——異なるものを同じとみなす技術

位相空間のホモロジー理論を創始したポアンカレは、「数学とは異なるものを同じとみなす技術である」という言葉を残している。技術とは質料（マテリアル）を形あるものにつくりなす操作のことを意味している。粘土を鋳型に押し込んでレンガをつくる作業などがその代表である。粘土がレンガに変形されることによって、家を建てる建築素材が出来るのである。数学の場合は、「同一視」の操作がそれをおこなう。直観がとらえる世界にはまだ「数」という個体性もなければ、等号で結ばれる「同じもの」も存在しない。そのようなあらゆるものが異なっている世界には、豊かな数学的世界はつくることができない。異なるものの間に同じものが隠されているのを発見できるとき、その異なるものを同じとみなす知的な操作が可能になる。数学とはその操作を巧みに使って、一つの世界をつくるための技術なのであると、ポアンカレは言うのである。

じっさい彼が創始した位相幾何学（トポロジー）くらい、この「異なるものを同じものとみなす技術」としての数学の本質をあらわに示しているものも少ないだろう。トポロジーでは、図形を連続的に変形していってできる別の図形を「同じもの」とみなして、ひとくくりにまとめる分類をおこなう。このとき「同じもの」の部分は認識されない領域として「ゼロ」として扱われる。つまり「異なるものを同じものとみなす」この技術では、このゼロを「核（Kernel）」としての分類を施すことによって、対象の「自性（対象独自の性質をしめす仏教用語）」の絞り込みをおこなっていくのである。

このときポアンカレが見出したトポロジーという技術は、数学的思考の本質をあらわすものであった。このゼロである核を含む計算技術（算術）は「ホモロジー」と呼ばれることになった。この技術が代数学に持ち込まれると、たちまちそれは「ホモロジー代数」という新しい領域を生み出し、現代ではさらに一般化・抽象化されて、数学的思考の本質を表現する「圏論」として発達しつつある。

『レンマ学』がおこなったのは、数学的思考の本質をなすこのホモロジーという計算技術が、人間の心の中で遂行されているレンマ的知性とロゴス的知性の共同作業に、正確に対応していることを明らかにすることであった。ロゴス的知性は事物間の「異なるもの」を認識する能力として、「分別」の働きをおこなう。この働きは人間の神経組織の構造に基づいていて、その組織の中を流動しているレンマ的知性に制限を加える。レンマ的知性は時間の線状性によって秩序立てられていない、方向性の限定を受けない全体的知性（仏教ではこれを「無分別」と呼んでいる）であるので、神経組織を通過していく刹那ごとに限界づけを受けて、線状的なロゴス的知性に変換されていくことが考えられる。大乗仏教では、（前ロゴス的知性ともいうべき）レンマ的知性がロゴス的知性への間断なき変換を続けている、この混成的な心的空間を「アーラヤ識」と呼んでいる。このアーラヤ識において、「異なるものを同じものとみなす」心的操作が作動している。数学という知的な「技術」は、まさにこのアーラヤ識の働きに、深く根を下ろしているのである。

この過程をもう少し詳しく見てみよう。アーラヤ識は近代心理学が「無意識」と呼んできたものに近い。そこでは前ロゴス的なレンマ的知性が、たえまなくロゴス的知性への変換をおこしている。したがってそこはレンマ的知性とロゴス的知性の混成空間をなしており、相互に影響を及ぼしあっている。たとえば夢はこのアーラヤ識＝無意識で、粘土が成形されるように捏ねあげられるのである。現実世界に対応しているロゴス的知性はそこで無分別的なレンマ的知性による「歪曲」を受ける。その結果、現実には対応物を持たない夢の世界が生まれてくる。人間の言語はその基本構造を、このアーラヤ識空間の中で塑形される。そのために、あらゆる言語は、ロゴス的構造とレンマ的構造の結合からなる「アナロジー（類比的）」の機構を備えることになる。

アナロジーではあらゆるものが、似ていると同時に違っている。「異なるもの」でありながら「同じもの」でもあるのである。メタファーやメトニミーのような言語の喩的機能が、そこからつくられる。古典論理では言語からこのアナロジー性を排除して、純粋にロゴス的な機能だけでできた論理を抽出しようとしてきた。そこから同一律、矛盾律、排中律の三つの原則が立てられた。とりわけ排中律は重要で、「異なるもの」を重ね合わせて「同じもの」とするレンマ的知性の働きが、それによって完全にシャットアウトされることになる。

数学はこのような本性を持つ人間的言語を母として生まれ、純粋なロゴスの学をめざして発達してきた。そのため同一律、矛盾律、排中律からなる古典論理は、数学的論理の従うべき三原則だった。しかし人間的言語と同じ出自を持つ数学的思考は、その源泉をアーラヤ識という心的空間に持つ。そこはロゴス的知性ばかりでなく、その母型ともいうべきレンマ的知性がたえまない接触を続けながら活動をおこなっている。

もしもポアンカレや数学の直観主義者たちが主張するように、数学というものが「異なるものを同じものとみなす技術」であることを本質とする言語活動の一種であるとするならば、それは純粋なロゴス的知性だけによってつくられているのではなく、ロゴス性とレンマ性の複構造として構成されているアーラヤ識の働きと無関係ではありえない。数学的思考の源泉地は、アーラヤ識の構造のうちにある。それならば、数学がいつまでも古典論理の限界の内部に留まっていることのほうが異常なことではないか。数学はレンマ的知性の方に向かっての進化をおこなうであろう。それゆえ、数学とレンマ学の間には本質的なつながりが見出されるのである。

仏教——同じものを異なるとみなす

これに対して、徹底したレンマ的思考で知られる仏教では、数学とは反対に、「同じものが異なるものであることを見出す」特殊な論理学が発達している。大乗仏教の展開の礎は「縁起」の思想である。個物は個物として自律しているのではなく、他の諸物と相依相関してつながりあっていることを説く縁起の思想は、個物の「同一性」を否定する。一見すると同一に見える個物どうしも、詳しく見てみれば、それぞれが縁起の寄り集まりとしてできており、その寄り集まりの様態は相互に異なっている。「同じ」と見えるのは、事物の表面の様子にすぎず、実相（リアリティ）においては「異なっている」。分別する思考は、その「同じ」ところをとらえて同一性を考え、その同一性に定まったなにかの「概念」を与える。

仏教はこのような「実相においては異なるものを同じとする」思考を、分別的な、すなわちロゴス的思考として否定するのである。通常の思考は、ロゴス的思考の「正しさ」を支える論理規則にしたがっておこなわれる。そこから論理的に正しいとされる命題が立てられる。大乗仏教初期の巨匠である龍樹は、あらゆる論理的命題が「実相においては異なるものを同じとする」誤った思考であることを、『中論』において証明してみせた。龍樹は思考が誤って「同じもの」とみなしているもののすべてが、実相においては「異なる」ものであることを示そうとした。ここにおいて、大乗仏教の思想的な基礎が、哲学的に固められたのである。

「同じもの」はないとなれば、個物はそれ自身で自律しなくなる。たえず他のものと相依相関によってつながり、個物は背景から分離できなくなる。そのとき古典論理で重要な働きをする「排中律」が、働きを停止する。排中律はAと~Aの中間を排除する規則であり、それによって個物の同一性が保たれるようになる。しかしその同一性は、分別的なロゴス的知性によって「仮想」されたものであって、リアリティ（実相）ではない。哲学者の山内得立は、排中律を否定するこのような仏教論理の特徴をとらえて「レンマ的」と名づけたが、私たちの「レンマ的知性」という概念はそれにつながっている。

龍樹の「中観」の思想は、そののち世親らによって「唯識」の思想に発展する。唯識仏教では、人間の前意識ないし無意識を「アーラヤ識」と名づけ、その内実がロゴス的知性（妄識、分別知）とレンマ的知性（真如、無分別知）の混合識として成り立っているという認識に立って、真如であるレンマ的知性の側から、妄識であるロゴス的知性によって仮想されてできているこの世界から自由になっていく実践が説かれた。ロゴス的知性の不完全さを批判するだけではなく、レンマ的知性の内部構造にまで踏み込んだ思想（如来蔵思想）が、そこから展開していくようになった。

『華厳経』はそういう流れの中で成立し、レンマ的知性の働きや運動性そのものに焦点を合わせた探究が試みられている。そこではレンマ的知性の充満する空間を「法界（ダルマダーツ）」と名づけている。『華厳経』ではその法界のありさま、動き、変化、コミュニケーション様式、対発生－対消滅、ポテンシャルエネルギーの様態変化などが、映画のような手法でみごとに描写されている。

縁起によって全体運動している法界が、人間の心をつくっている。心の基体はレンマ的知性なのである。しかしその一部は妄識の働きによってたえまなく線状構造に変換され、分別する心＝ロゴス的知性につくりかえられ、心の表面を覆い尽くしている。

ここから二種類の「ゼロ」が発生してくる。法界は縁起の理法によって全体運動を続けているが、その本性は「空性」であるから、数の体系には属さない数として、「ゼロ」記号であらわされることになる。この「ゼロ」は無限のエネルギーに満ち、そこから無数の数が産出されてくる無の空間である。これにたいして、ロゴス的知性は法界の全体運動を分別の網で覆って、「異なるもの」から「同じもの」につくりかえる運動をおこなっている。そのとき別の種類の「ゼロ」が発生する。この「ゼロ」は数の体系に内属していて、「同じもの」マイナス「同じもの」の計算結果に等しい。この「ゼロ」は生産をおこなわない。この固定性をもって、このタイプの「ゼロ」は数体系の基礎となっている。

数学では後者の「ゼロ」だけが重要な働きをしてきた。この「ゼロ」を基にして算術の体系がつくられ、今日のホモロジーや圏論も構築されている。それに対して仏教では前者の「ゼロ」のみが重要視された。そこでは数学的「ゼロ」は虚妄で、リアリティ（実相）にあてはめるには不完全な概念であると考えられたのである。

しかし、近代数学にカントールの「集合論」が出現してから、この二つの「ゼロ」の間に接近が生じ始めた。集合論は無限の概念を自分の体系の中に組み込もうとした。そのとたんに、ロゴスの体系としての数学に軋みが発生したのである。集合論に反対する数学者たちは、数学をロゴス的知性の限界内（計算手続きの限界内）にとどめるべきであると主張したが、カントールの道に従った数学者たちは、集合論の思想を発展させることによって、ロゴス的知性の限界領域に近づいていくことになった。

数学――ロゴス的知性―→アーラヤ識←―レンマ的知性――仏教

ここから現代数学と仏教ないしレンマ学の新しい結びつきが生まれ始めたのである。「異なるものを同じものとみなす技術」である数学は、前意識ないし無意識であるアーラヤ混合識のうちのロゴス的知性を取り出して、それに基づく整合的な「学」を構築してきた。これに対して「同じとされるものを異なるものと認識する技術」である仏教は、レンマ的知性に依拠する批判的体系を築いてきた。しかしどちらの「学」も、人間に宿る知性の本質の探究をめざしてきたのであるから、たどり着くべき場所はアーラヤ識一つである。

現代集合論はアーラヤ識に内蔵されている知性そのものに向かっての進化をとげようとしている。それならば大乗仏教思想も現代のレンマ学への進化を実現することによって、ロゴス的知性とレンマ的知性を包摂する統一的な「学」に変容していかなければならない。人工知能の発達がそれを促している。人工知能になしうることとなしえないことの境界を見極めるためには、数学とレンマ学を結びつけた新しい「学」がつくられなければならない。

法界の数学的構造

ここからはより具体的に、現代数学とレンマ学との接点を探っていこう。それをおこなうためには、『レンマ学』の採用した戦術をここでも使っていくのが有効である。すなわちインドで書かれた『華厳経』とそこから発達した中国華厳教学に描かれている、法界の内部構造と運動学についての知見を出発点とすることである。

法界＝ダルマダーツ＝レンマ的知性の全域は、縁起の理法によって活動している。そこに生起している個物はおたがいに相依相関してつながりあい、情報を伝え合っているので、個物は「空」であるポテンシャルエネルギー（力用）に包摂されその一部分をなすものとして、個物でありながら個物としての同一性は持たない。したがって法界では排中律はなりたたない。同一律も矛盾律もなりたたないので、この「空間」には古典論理を適用することができない。古典論理を拡大したレンマ論理によらなければ、法界のありさま、すなわち心のなりたちやその働きを表現することはできないのである。

このレンマ空間の特異性（singularity）を、華厳宗の大成者である法蔵は『十玄縁起』という著作において、次のような一〇項目にまとめている。

（1）すべての存在（法、ダルマ）は、空間的・時間的に縁起の理法でつながりながら、全体が一体となった動きと変化をおこなっている。空間と時間もたがいに独立ではなく、一つの時空連続をなしている。法界においては、すべてが空に生起し有に縁起しているから、「事々円融」の調和を保ち、主体と客体も相即相入しあっている。

（2）すべての存在の働きを力用の面から見ると、「一」の力は「多」の中に入り込み、「多」の力が「一」の内部に入り込むようにして、一多は互いに自在に力の行き来をおこなっている。こういう力の移動が生じても、「一」の個体性は保たれ、また「多」は多様性を保ったままで、法界の全域で変化が起っていながら不動のままである。

（3）すべての存在は空有の二重体であるから、体性（構造）の面から見ると、すべてが相即しあっている。一つ一つの有としての個物の構造は異なるが、空の潜在空間を介して構造変換をおこすことによって、互いに自在に移り合うのである。一即一切・一切即一が実現されていて、互いの行き来は自由自在である。

（4）インドラ神の宮殿にかけられている網の目の交点に置かれた宝珠が、互いを映発しあっているように、法界にあっては一個体に起こることはただちに全域に及んで行き、情報は全体に受け入れられていく。全体に立ち起こる変化はまた、ただちに個体に受け入れられていくから、法界の諸法は重々無尽に相即相入しあって、完全な円融が実現されている。

（5）法界では、このような円融が実現されているので、「一」の個物の個性が「多」の個物の個性と争って、相互崩壊をおこすようなことなく、整然として相入れながら、「穂先を揃えて」いっせいに顕現をおこす。一念が生じるや法界には突如として、多数の思考からなる内在平面が顕現するのである。

（6）縁起で運動変化する諸法を、顕在（面）と潜在（裏）の相即関係として考えることができる。面と裏は一体で、ある事物が面に出れば、多の事物は裏に隠れるが、表裏は一体でつねに一体で同時並存している。面と裏は相互の入れ替えをおこない、あるときは面だったものも次の瞬間には裏に変化する。あらゆる存在（法）は、こうして相互転換しあう顕在部と潜在部が一体になって、法界縁起している。

（7）縁起しているいっさいの存在は、単純なもの（一）と合成されたもの（多）からなっているが、それらは一念のうちに同時に生起しても混雑をおこさず、調和を保っている。

（8）法界においては、時間も互いに相即相入して、自在に交流しあっている。時間には実体がなく、ただ「仮設の法」としてなりたっているだけであるから、時間とて自在に動かすことができる。

（9）法界に充満する「如来蔵」と呼ばれる自性清浄心から、「さとり」と「まよい」のいっさいが生起している。そこから「さとり」と「まよい」が混成識をなしている、アーラヤ識の無意識が形成される。

（10）一多が相即相入しあう法界の縁起法は、すべての事物の中にそっくりそのまま完全に顕現している。それゆえ世界はあるがままにして法界なのである。世界の背後に真理の別世界が隠されているわけではない。このままで世界は完全であり欠けるところがない。

ここからレンマ学的に考えられた「法界の数学」の世界が浮かび上がってくる。ロゴス的に構築されてきた数学では、「数」は個体性を備えている。それは一つ二つと数え上げることができ、この数え上げの性格を基礎として、算術は可能になるのである。ところが法界＝レンマ的空間に発生する数は、そのような個体的同一性を備えていない。法界ではあらゆる個物が、多のあらゆる個物に相即相入しあっているため、個体性を保ちながら空間全体の運動につながっているからである。それゆえ、一つの数は無限マトリックスの構造を持つことになる。

『レンマ学』に詳しく解説されているように、法蔵は主著『華厳五教章』において、このような内部構造を備えた「レンマ数」のつくりあげる空間が、一種の「複素非可換構造」をしていることをあきらかにした。十玄縁起の（6）にしめされているように、法界のあらゆる事物は、顕現部（real）と潜在部（imaginary）の二重体であり、しかも顕現部と潜在部は不断に相互に入れ替わりながら、個物の実在性を生み出している。この様子を数学的に表現すれば、法界の数的存在物は「複素構造」をなしているとみることができる。

その複素構造をもったなにか「数的なもの」が寄り集まってマトリックスをなすことによって「レンマ数＝ニュメロイド」をつくるのであるが、この「レンマ数」が掛け合わされる（乗法）ことによって、法界には「変化」が生じることになる。法蔵がしめしているそのようなレンマ的算法の規則を調べてみると、掛け算によって生じる空間が「非可換」の構造を持っていることが、あきらかになる。レンマ的算法の規則を導き出すさいに、私はハイゼンベルクが量子力学を発見するときに用いた推論方法からのアナロジーによった。レンマ的知性で運動する法界は、量子力学が開いた極微の世界ととても偶然とは思えない共通性を示している。そのことを華厳学は、数学を用いることなく、正しい言説で表現するのである。

法界レンマ空間は（量子力学と同じく）複素非可換構造をしている。そうなれば、法界を統べている「論理」とは、古典論理のそれではなく、「量子論理」に近い、未知の論理であることになろう。また法界レンマ空間は、「層」の概念に酷似した構造を備えている。それは十玄縁起（6）によく示されるとおりである。そこには「法界のすべての事物は、小の中に大がすっぽり収まり、一の中に多がやすやすと容れられる」と書かれている。これは一点（一個物）に関わる情報は無数の多様体を束にした集合から得られるという意味を含んでいる。その無数の多様体の束にたいして「異なるものを同じとみなす技術」を適用すれば、現代数学でいうところの「層」の概念が得られることになろう。ここでも『華厳経』と華厳学のはらむ現代性が見えてくる。

『華厳経』以外の仏教経典に、このような法界の説明を見ることはできない。『華厳経』はレンマ的知性の内側から、ロゴス的知性の領域に「接続」の触手を伸ばすことによって、二つの異質な知性の間に通路をつくりだそうとしている仏典である。それによって、レンマ−ロゴスの混成識であるアーラヤ識＝心の内部構造とその論理と運動力学を解明しようとしている。不思議なことにそこで明らかにされた法界の構造は、現代数学の最前線で見出されつつある、さまざまな新しい数学的構造と驚くほどの類似性を示すのである。

層のレンマ性

ここでは「層（sheaves）」の考えを例にとって、そのことを少し詳しく説明してみよう。現代数学にとって欠かすことのできないほどに重要な層の概念は、一九三〇年代に岡潔とカルタンによって見出された。今日用いられているきわめてソフィスティケートされた形式的な層概念からは、あまりそのことがはっきりと見えなくなっているのだが、この概念の奥には「レンマ性」が潜んでいる。この概念の発見にいたる過程を追っていくと、出発点においてこの概念が、レンマ空間の構造の直観的認識に始まり、それが「異なるものを同じとみなす技術」によって、ロゴス的な数学的概念に改造されていく様子を、はっきりと見届けることができる。

出発点はワイエルシュトラスの解析関数の理論である。ワイエルシュトラスは解析関数を整級数の概念から組み立てる。解析関数$f(z)$が収束円板の内部にあるかぎりは、次のような整級数にテイラー展開される。

$$P(z-\zeta)=a_0+a_1(z-\zeta)+\cdots+a_n(z-\zeta)^n+\cdots$$

この収束円板の中にある一点ζ_1をとると、$f(z)$は整級数$P_1(z-\zeta_1)$に展開され、新しい解析関数

$f_1(z)$を定義する。これを直接解析接続の方法によって得られたという。fとf_1を合わせると新しい関数ができあがるが、この関数はfをより大きな領域に延長したものになっている。このやり方は何度でも繰り返すことができるから、次々と整級数の列$P_1(z-\zeta_1)$、$P_2(z-\zeta_2)$……$P_n(z-\zeta_n)$が得られるが、ワイエルシュトラスはP_0からの解析接続で得られる整級数$P(z-\zeta)$の全体を集合として考えた。この集合の中にある整級数のすべては$f(z)$を「表現」している。つまり明らかに「同値関係」にある。

層の概念は、この同値関係をもとにしてつくられている。層の概念の新しさは、同一性と差異性をめぐる数学的思考を一変させたところにある。ワイエルシュトラスの出発点は、「同じもの」$P(z-\zeta)$の内部に、無数の「異なるもの」$a_0+a_1(z-\zeta)+a_2(z-\zeta)^2+\cdots\cdots+a_n(z-\zeta)^n+\cdots$の束が包含されているという発想である。この発想に華厳学的（レンマ学的）解釈を加えるとすれば、「一」である個体の内部には「多」である無数の個物が相即相入している、となるであろう。ここには関数というもののレンマ的基層があらわに示されている。層概念形成のいちばん深い層には、仏教的な「同じものを異なるものとみなす技術」を働かせた、レンマ的な直観が働いているのである。

しかしそれだけだと、数学の概念にはならない。そこに今度は「異なるものを同じものとみなす技術」が適用されて、ただの集合が分類分別された同値類につくりかえられなければならない。こうして直観的で非数学的なレンマ的数実体がロゴス化された。ここからさらに同値類を「芽（germ）」とよびかえて、そこから「層」という概念につくっていく。そうなれば、ロゴス的思考の原型であるホモロジーの機構が働き出すことができるようになって、数学的な建築作業が可能となる。こうしてレンマ的直観の中から、新しいロゴス的概念が創造されるのである。

数ある現代数学の建築材料の中でもとりわけ重要な層の概念は、アーラヤ識の奥で活動している知性のレンマ面に触れていく知的運動をとおして、ロゴス面に取り出された数学的概念である。したがって数学者がそれを便利な概念として使用しているうちには気付かれることがないが、層の概念にはレンマ的知性の働きが深層に組み込まれている。

それゆえに、層の理論を展開していくためには、論理の三原則に基づいて構成された古典論理ではなく、排中律を排除したハイティング代数を用いなければならない。直観主義数学の創始者であるブラウワーの弟子ハイティングによってつくられたこの代数は、いわば数学的ロゴスの中に組み込まれているレンマ的知性の「足跡」を示している代数と言える。数学とレンマ学というテーマは、現代数学の現場ではもう実際に動き出している。

数学的思考の根源に接近していこうとする「現代集合論」は、こうして古典論理学を超えて、自らの内に量子論理やハイティング代数や層の理論やそのトポロジー化であるトポスの理論などを包摂していくことになる。集合論のこのような展開をレンマ学の視点から見ていると、現代数学の内部へのレンマ的知性の進入を認めることができる。直観主義、量子論理、層概念、トポスなど、現代集合論に糾合し始めている新しい数学的思考のすべてが、なんらかの形でレンマ的知性の働きに関わっている。

レンマ面へ向かう数学

数学は空間と数の直観的認識に始まり、それをロゴス的平面に投射することによって形成されてきた。ロゴス的知性の母体（コーラ）はレンマ的知性であるから、レンマからロゴスへというのが数学の進化の方向性を示しているように見える。しかし、現代数学に起こっていることを注意深く観察してみると、ロゴス的構築物の先端部において、レンマ的基体へ向かっての「弁証法的」運動がおこなわれている、という印象を受ける。

古代エジプトの測量術の中で発達しはじめた数学的思考は、現実世界の空間的・時間的・論理的構造に適合する知的技術として、精密なロゴス的建築物として成長してきた。そのため、その中で使用されてきた古典論理の原則に対しても、疑問が向けられることはなかった。ところがカントールによる集合論が登場するに及んで、大きな変化が生じることになった。無限大と無限小を取り入れた矛盾のない数学体系をつくろうとして、集合論が内部にロゴス的知性とは異なるものを抱え込むことになったからである。そのとき以来、数学はロゴス的知性の母体をなすレンマ的知性の働きに触れ始めたのである。

その結果、人類の知的能力の根源を探っていた集合論は、無意識＝アーラヤ識の活動する空間にたどり着くことになった。アーラヤ識は非線状的で全体運動をおこなうレンマ的知性と、それを線状的・時間的秩序に組み替えることによって分別をおこなうロゴス的知性の混成識・合成識としてかたちづくられている。現代集合論は、そのアーラヤ識の空間全体を統御している「論理」を、取り出そうとし始めた。ロゴスの側から、レンマ空間に限りなく接近していく弁証法的な試行の始まりである。

より高い、より大きな数学的建物（その建築材料はロゴス的知性のみである）の建築をめざすのではなく、大きなカーブを描きながら自らの根源に潜り込んでいく弁証法の運動。そのとき数学は傍を並走するレンマ学の姿を見出すであろう。

そのような新しい数学の考え方とレンマ学の考え方とのつながりを、具体的に示してみよう。現代数学では古典論的な集合論に対して、①直観主義②量子論理③層とトポス、という三つの拡張された集合論が開発されているが、そのどれもがレンマ学の側に正確な対応物をもっている。すなわちアーラヤ識という同じ実在《リアリティ》に向かって試みられた、ロゴス側（数学）からとレンマ側（レンマ学）からの探究の間に、明確な対応関係を見出すことができるのである。

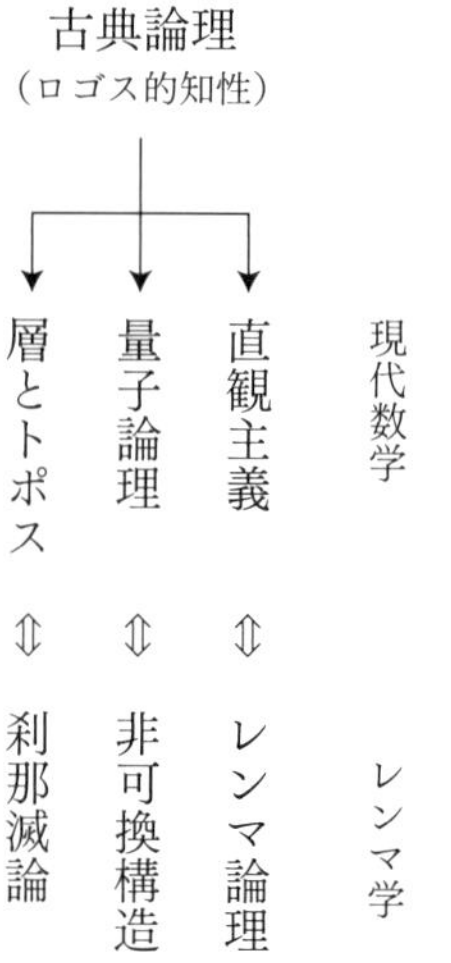
古典論理
（ロゴス的知性）
現代数学
レンマ学
直観主義 ⇔ レンマ論理
量子論理 ⇔ 非可換構造
層とトポス ⇔ 刹那滅論

仏教が「分別知」と呼んでいる知性は、文字どおり事物を分別する能力である。分別知はロゴス的知性の基本をなし、二項対立（binary opposition）の機構をつうじて事物の分別をおこなう。仏教ではこの分別知がそのまま「真理」をあらわすとは考えないが、西洋の伝統では「真理」は分別知をつうじてあらわれると考えられ、数学もその伝統の上に立っている。数学はここで「真理値」という考えを導入する。「我々が日常感じている世界は、真理値が真と偽の2値論理の世界である。真（1）と偽（0）からなる順序集合2は、「または」「かつ」を表す束の演算∨、∧と共に完全ブール束となる」（千谷『人と論理と数学と』）

数学では伝統的に、この2値論理によってすべての命題の整合性が整えられてきた。すべての命題が真または偽のどちらかに分別される、というところにまで二項対立の機構に全能性が与えられた。ここから古典論理の世界が確立されていった。竹内外史は「2値論理は神の論理である」と、そのことを表現している。古典論理はいくつもの制約ないし規則（法）に縛られている。アリストテレスはそのような規則を①同一律②矛盾律③排中律の三つにまとめることができた。「事物には同一性がある」というのが同一律、「Aと～Aは両立できない」が矛盾律、「Aと～Aの中間はない」が排中律である。この規則を定めることによって、あらゆる事物は真か偽に分別でき、すべての数学的問題は解くことができる、という確かな展望がもたらされることになる。

この古典論理は西欧世界において絶大な能力を誇ってきたが、二〇世紀に入るとさまざまな分野から、その正当性についての疑義が発せられるようになった。数学の分野ではオランダの数学者ブラウワーの「直観主義」が、もっとも大きなインパクトをもたらした。ブラウワーは仏教思想とよく似た世界観の持ち主であった。私たちが思考によって世界をとらえようとするとき、私たちのしていることは観念的な仮想物を世界に投網して、その網をとおして世界を理解したと思い込んでいる。この観念的な仮想物が論理的に整合的であれば、それは真なる概念であるとする。ブラウワーは数学にこういう観念的行為の典型を見て、数学を実在《リアリティ》に接近していく過程ないし運動としての学として再創造しようとした。

ブラウワーがもっとも問題にしたのは、古典論理の三つの礎の一つであるところの「排中律（Principle of the Excluded Middle）」である。これは「真」と「偽」の中間はないという原則で、2値論理の原則から直接出てくる考えである。ところが実在はそのような分別的な成り立ちをしていない。「真（1）」と「偽（0）」の間には多くの真理値が存在しうる。これについてブラウワーは次のように書いている。

> 一九〇〇年にヒルベルトが定式化した「すべての問題は解ける」という公理は、排中律なる論理原則と同等である。（排中律が認められないとなれば）この公理は十分な根拠を失う。論理は数学に基づいている（逆は成り立たない）ので、排中律の使用を数学的論証の一部として認めることはできないのである。排中律はスコラ学的でよくても発見法の一つとしての価値しか持たない。それゆえ、この論理原則を除くことのできない証明に基づく定理のすべてが、数学的内容を持たない。
>
> （「直観主義集合論」、一九二〇年）

排中律を取り除いた「直観主義論理」の体系は、ブラウワーの弟子ハイティングによって完成された。この「ハイティング代数」は取り扱いが複雑なためしばらくは敬遠されていたが、グロタンディークがトポス論を開発して以来、層の理論や集合論における強制法の本質を理解するために、きわめて重要な考えであるとの認識が広がっている。

私たちはすでに『レンマ学』において、実在を知るために排中律の原則を取り除いた「レンマ論理」を確立することの重要性を語った。これは大乗仏教の思想に依拠している。大乗仏教では法界のあらゆる事物は相依相関しあうことで縁起しているという基本思想に立つ。この思想に立つとき、A1はA2、A3……に連関し、～Aですら A と縁起的に連関しあうことになる。このとき A は～A と両立する。つまり実在においては排中律は成立していないのである。同一律も矛盾律も成立しない。これは数学における直観主義と同じ考えである。

この同じ思想を表現するのに、仏教は龍樹の『中論』におけるように、脱構築の方法に立って、いっさいのロゴスによる構築を否定した。これにたいして、数学側からなされたそれは、ハイティング代数に示されるように、古典論理を拡張する形で表現される。拡張された論理学の中にもとの古典論理は包摂されてしまうことになるから、古典論理の絶対性は否定されるが、直観主義的な拡張論理学に制限を加えれば、もとの古典論理学が復元されることになる。数学は「拡張」の考えによって、ロゴス側から古典論理の限界を乗り越えて行こうとする。これはレンマ側からみれば、ロゴスのレンマ側への越境をめざす行為と見ることができる。

仏教的脱構築と数学的拡張とは、相補的な関係にある。同じアーラヤ識の実在にたいして、レンマ側とロゴス側からそれぞれになされた表現として、二つは相補的なのである。レンマ学の立場がないとすると、古典論理の拡張をめざす現代数学の試行は「意味」をもたないマニエリスムに陥ってしまうだろう。反対に数学的ロゴスの立場が設定されないとすると、レンマ学の試行は現実世界での足場を失ってしまうことになる。二つの試行はお互いを必要としている。このような関係が明瞭に見えてくるというのが、「現代的転回」の本質にほかならない。

量子論理の集合論への組み込みに関しても同じことが言える。現代集合論はアーラヤ識のメカニズムに接近しようとしている。そのことが量子論理の必要を生んでいるのだ。私たちは『レンマ学』において、空間(スパティウム)としての法界が非可換構造でできていることを示した。そのさい法蔵が『華厳五教章』に展開した法界の運動学をもとに、これを量子力学誕生のさいに活躍したマトリックス力学と対比してみたのである。そこには驚くべき対応関係が発見された。マトリックス力学が明らかにした量子空間はまぎれもない非可換構造をしているが、その構造は心(アーラヤ識)の本体である法界の非可換構造と同型なのであった。このことを言いなおせば、アーラヤ識には非可換構造が内蔵されており、そこで繰り広げられている論理過程をみれば、そこには量子論理の構造が見出されるということになる。

そこで量子論理に特徴的な「分配律の不成立」の原理を組み込むことによって、古典論理のさらなる拡張が図られることになる。現代集合論はアーラヤ識の活動に接近しようとしているというのが私たちの見立てであるが、この視点に立つとき、集合論への量子論理の組み込みは必然である。アーラヤ識自身が量子空間と同じ非可換構造を持つかぎり、そこで現実に展開されている論理過程はどうしても古典論理をはみださざるをえないからである。量子論そのものを「ヒルベルト空間上の作用素」の数学と考えるとすると、量子論理による集合論の拡張形においても、古典論理に「ヒルベルト空間上の作用素」という要素を組み込んだモジュールがあらわれることになる。

層の理論と仏教的なレンマ論理の関係については、すでにその概略を語った。レンマ論理のほとんどすべてが層の概念に関係しているとも言えるが、とりわけ重要なのが大乗仏教における「利那滅性」の思想である。そこでは「およそ存在するもの、それは瞬間的なものである」とされる。あらゆる事物が縁起によって生成変化するのであるから、非瞬間的なもの（それは同一性を生み出す）は存在できないからである。大きさを持たない点が無数の「瞬間的に生じ消滅していくもの＝利那滅」の束としてつくられているように、およそ存在するものは瞬間的なものの直和としてのみ存在することになる。

この利那滅性をロゴス面の内側から表現したときに生まれてくるのが「層」である。ロゴスは差異の中に同一性を見出す知性である。瞬間的なものは互いに切り離されているが、層はそこに貼り合わせを可能とする同一性の部分をつくりだすための概念技術である。切断（section）同士の共通部分が一致するならば、そこを貼り合わせて層とすることができる。つまり、仏教がレンマ的な利那滅を見出す場所に、数学はロゴス的な層を見出す。利那滅と層は相補的な関係にある。層の深層には利那滅があり、利那滅はロゴス平面にあらわれるとき層に転換されるのである。ここでも、現代数学とレンマ学の間には、正確な対応関係を見出すことができる。

グロタンディークはこの層の概念を深化させて、トポロジーそのものを「層のコホモロジー」の研究に変貌させてしまったが、そこからじつに広大な視野が広がっていくことになった。カントールの連続体仮説の解明のために開発されたコーエンによる集合論における「強制法」から、測度論と確率論の新しい意味づけやクリプキの意味論にいたるまで、現代数学の最前線におこっている多くの事柄が、層の概念を中心に組織化できることがわかってきた。そしてそのすべての背後ないし深層で、レンマ的な直観主義論理が作動しているのである。数学者マックレーンがそれについて次のように書いている。

同じ頃、コーエンとはまったく独立に、論理学者クリプキはまず様相論理（モダルロジック）、ついで直観主義論理の意味論的な説明を発見したが、それはコーエンの強制法のもつ諸側面といちじるしい類似性を示していた。

層の理論には、コーエンの強制法とクリプキの直観主義論理モデルとの関係を説明する力がある。

（マックレーン他『幾何学と論理における層』）

このような事態が生まれてくるのも、現代数学がロゴス面の内部からレンマ面に向かっての接近を図ろうとしているからである。現代数学とレンマ学は、このように人間的知性のおおもとであるアーラヤ識をはさんで、鏡像的な関係に立っている。それぞれの像は、ロゴス側とレンマ側を向いて互いに相補的関係にある。二つの「学」は互いの存在を必要とし、どちらか一方でも欠けると自らの根拠を失う。すなわち、レンマ的知性がないとロゴス的知性そのものが存在することができないし、ロゴス的知性がなければレンマ的知性はヴァーチャルな存在のまま、およそ現象世界は生起しないのである。現代において、数学のレンマ的知性への接近が観察される。そのような時代に、私たちはレンマ学の創造を強く求めている。

千谷慧子の数学的冒険

数学者の千谷慧子は現代集合論の領域で研究を重ねてきた専門家であるが、『レンマ学』を読んで大いに刺激されるものがあったという。彼女は師である竹内外史と協力して、おもにアメリカにおいて直観主義的集合論や量子論理の建設をおこなってきた。集合論を拡張しようとするそうした試みをとおして、彼女は、現代集合論がなにかまだよくわからないが一つの「未知の理念」の方向をむいて、進化をとげようとしていることに気づいた。そしてその「未知の理念」のある方向に、華厳経の思想が待ち構えていることを、『レンマ学』を読んで直観したのである。

そこから千谷慧子は自身の学問の集大成ともいうべき『Global Set Theory』という論文を書き上げた直後に、自分の探求にはまだ先がある、という確信をいだくようになった。かくして九〇歳を超えて、彼女はふたたび数学における冒険を開始した。数学的ロゴスをレンマ面に向けて限りなく接近させていこうという冒険である。その探求の第一報が本書の第3章に載せる「レンマ界の集合論」という論文である。

この論文は大いに専門性の高い、ある意味で一般の読者にはまことに読みにくい数学論文であるが、その内容を、彼女は最近の私信のなかでつぎのようにわかりやすく「総括」している。

総括

人類は、原初的知性として、物事の差別を認識する即ち物事を分別するロゴス的知性を持っている。もっと広く、全体を把握するレンマ的知性も原初的知性である。レンマ的知性によって、人は直観力、慈悲心、愛などの智慧が与えられる。

ロゴス的知性の言語は、2値論理に従う数学で表現され、その宇宙は、空集合から、「部分集合全体の集合」を作る操作を繰り返すことによって構成される。この宇宙をV^2とする。

空集合は、全ての集合に部分集合として含まれるから、V^2の至る所からV^2と同型な宇宙が構成されることになる。同型対応は、宇宙V^2の運動を表し、運動する宇宙は、数学の言語「V^2の層」で表現される。

従って、V^2は、無数の運動する（自分自身と同型な）内部宇宙を内蔵する宇宙である。レンマ的知性は、これら全てを包摂する空界の知性である。

一方、華厳経は、互いにコミュニケーションをとる無数の楼閣と、そこに宿る力で空界を表現する。V^2は、まさに楼閣の表現とみることができる。（2023/01/07）

千谷慧子は論文「レンマ界の集合論」で、華厳経を一つの拠り所としながら、古典集合論を組織的に拡張する試みにとりかかった。数学はロゴス的知性の純粋な働きによってつくりあげられている。これにたいして華厳経のような仏教思想では、レンマ的知性によって世界の実相を認識しようとする。二つは根本的な違いをもっている。しかしロゴス的知性とレンマ的知性は境界面においてたがいに接触し互いを交換しあっているのであるから、両方向からこの境界面に近づいていくならば、そこにロゴスとレンマが相互変換を繰り返すキメラ的な動的空間があらわれてくると考えられる。またそこまでは達成できないとしても、現代集合論が進むべき今後の進化の道筋が見えてくるかもしれない。

そこでまず彼女のとった戦略は、古典集合論の基礎となる2値論理から出発して、古典集合論そのものを新しい形式化のもとに再構築し、そこに量子論理と層の理論を接続させることによって、古典量子論の拡張を図るというものである。この拡張によって、現代集合論は一歩知性のレンマ面に近づいていく。このオーソドックスな拡張戦略は、彼女の師である竹内外史も目論んでいたような、問題にたいする正面攻撃の方法である。

2値論理は哲学や言語学や人類学が「二項的対立」と呼んでいる、差異を産出するための脳内メカニズムに関係している。生命進化の過程でつくられた脳と中枢神経系の構造が、人間に二項をつきあわせたときに発生する差異から情報を発生させる、このようなメカニズムを生み出し、それが人間の分別思考（ロゴス）の基本的な道具となったのである。

2値論理（二項対立）が生み出す情報は差異のみであるが、神経組織の中にループが形成されるようになると、このループをモジュールとする情報分類のメカニズムが働きだすようになる。ループに閉じ込められた情報を「0」の核として、情報を縮減する分類がおこなわれるようになる。この過程は現代数学が「ホモロジー」として取り出した思考のメカニズムに正確に対応している。この「0」の発生によって、分類秩序と論理の体系がつくれるようになる。ここから生じる自然な過程を抽象化することによって、思考に論理が生まれた。

2値論理という土台の上に、自然なかたちでつくられる分別のメカニズムこそ、古典論理の「母」である。それは同一律、矛盾律、排中律という三つの規則に拘束されている。2値論理がそれを誘導する。それがホモロジー的な分類過程に送られると、「1」と「0」を対立項とする二元的なシステムに変換される。レンマ的な論理とロゴス的な2値論理の二つが、人間の思考には存在するのである。そしてロゴス的な2値論理に基づいて、古典論理の堅固な体系が形成されてきた。

この古典論理の拡張は、まず量子論理の組み込みによって実行される。量子論理で分配法則が成り立たない根本の原因は、量子空間があらゆることが作用素の乗法のみによって変化していく非可換な構造をもっているからである。そこでは加法は二次的な働きしかしない。量子論理を組み込むことによって、古典集合論はより拘束の弱い、ある意味で「原始的な自由」を与えられることになる。

このことは、華厳経の現代的解釈をつうじて、レンマ学的な数学の可能性を探究した『レンマ学』において明らかにしたように、唐代の中国で発達した「華厳宗」の思想そのものでもある。法蔵は『華厳五教章』において、レンマ的知性の純粋な働きによってなりたっている「法界」の内部でたえまなく生起している運動と変化の様子を、一種の「作用素（オペレーター）」の空間として描き出した。私はこの作用素によって変化をとげていく法界空間が、量子論が描き出してきた「非可換」な量子過程とそっくりであることを、驚きとともに見出した。精神の微細な活動をとりだしてみせた華厳経と、物質の微細な領域での運動の形式を発見した量子論とが、同じ論理を用いてそれをおこなっているのである。したがって、集合論を量子論理によって拡張する試みは、全く理にかなっている。それは、ロゴス的知性をレンマ的知性に変換拡張していく、仏教の論理に比較可能なのである。

千谷論文はついで、そこに層の理論を組み込むことによって、さらなる拡大を図るのである。層は分別的なハウスドルフ位相ではなく、より弱く原始的なザリスキー位相にしたがう。層とその発展形であるトポスでは排中律も働かないので、ハイティング代数によらなければならない。こうして層の理論を組み込んだ集合論は、直観主義論理にしたがうことになる。千谷論文は古典論理と直観論理を対立させることから出発するのではなく、自然な流れの中で古典論理の直観主義論理への拡張を実現しようとしている。

じっさい層の理論は、すでに述べたように、厳密にロゴス的な数学概念でありながら、その深層にレンマ的直観を含んでいる。層は一種数学的キメラの性格をもつ概念である。そこからはさらに発展した「トポスの論理」も生まれている。マックレーンたちが強調するように、量子論は層の理論の枠組みで記述しなおすことができるのだ。したがって、現代集合論をレンマ面に近づけていこうとする千谷の方法にとって、集合論を層化していく操作は必要不可欠であり、この方法によって現代集合論はレンマ的知性のかたちづくる空間に一層接近していくことができる。以下に千谷慧子による集合論の拡張戦略を図示してみる。

古典集合論の拡張

2値論理

←

古典集合論

←

量子論理による拡張

←

層による拡張

←

グローバル集合論

ここまで古典集合論の拡張を図ってきた千谷は、彼女の前に出現してきた拡張集合論の論理空間が、『華厳経』に描かれた法界の構造に酷似していることを再確認したのである。彼女の東大数学科における指導教授であった末綱恕一は、『華厳経』のすぐれた研究者でもあった。しかし末綱は講義の中でいちどもそのことに言及することがなかったという。したがって『華厳経』についての知識が彼女を導いて、縁起の理法で動く法界の論理空間に酷似した拡張集合論の世界へ誘ったとは考えにくい。それよりも、現代数学が赴かんとしている方向そのものが、彼女を導いてレンマ論理の世界に近づけていったと思われる。そういう彼女であったからこそ、明恵とも空海とも華厳経ともレンマ学とも、自然に出会うことになったのであろう。「レンマ界の集合論」は、そのような現代数学のまだはっきりとは表面に現れていない潜在的な意思を、大胆に切り出そうとした論文である。

彼女は先の「総括」において、こう書いている。

空集合は、全ての集合に部分集合として含まれるから、V^2 の至る所から V^2 と同型な宇宙が構成されることになる。同型対応は、宇宙 V^2 の運動を表し、運動する宇宙は、数学の言語「V^2 の層」で表現される。

従って、V^2 は、無数の運動する（自分自身と同型な）内部宇宙を内蔵する宇宙である。レンマ的知性は、これら全てを包摂する空界の知性である。

一方、華厳経は、互いにコミュニケーションをとる無数の楼閣と、そこに宿る力で空界を表現する。V^2 は、まさに楼閣の表現とみることができる。

じっさい華厳経が最大の熱意をこめて描き出しているのは、法界に充満する無数の内部宇宙の入れ子状の構造であり、華厳経はそれを精神的価値によって宝飾された「無数の楼閣」として美しく表現した。これらの楼閣は、すべてが相即相入しあうことによって、互いのコミュニケーションをとりあっている。そしてその建築としての構造は、数学でいう「同型＝ V^2」をしている。しかし相互をつないでいるのはレンマ的（量子論的）運動力であるから、V^2 は層の概念でしか表現されえないことになる。

かくして千谷論文は、華厳経の描く法界を「同型」と「層」によって数学的に表現しようとした。ここで大変興味深い光景があらわれてくることになる。華厳経には法界が「無数の楼閣」を容れている様子が描かれている。それらの楼閣は大小多様で、たがいが入れ子状におさまっていて、一つの楼閣に起こる運動変化は、ただちに別の楼閣に波及していくのである。華厳宗の思想家たちは、この描写は「一即多、多即一」という哲理を、楼閣の喩えをもって表現しているのだと考えた。

一と多が相即相入の関係をもって一体につながっていることを、「即」という漢字でつないでいる。この「即」は「同一」とは根本的な違いをもっている。サンスクリット原典にはこの「即」の原語にあたる言葉はない。中国仏教の発明になる表現である。しかしあえて言えば、この「即」という表現は、サンスクリットにおける「不二（アドヴァイタ）」の考えと深い関係をもっている。「不二」は、対立するものが二つに区別され対立しあうものでないこと、無差別平等のもとにありながら差異を保っていることを表している。鈴木大拙による「即非」や、西田幾多郎の「矛盾的自己同一」などの概念もこれに近い。いずれにせよ「即」は、「同一性」と「差異性」を一体にした、論理化するのがきわめて難しい概念である。

華厳経における「無数の楼閣」は、この「即」によって相互のつながりを保っている。つまり楼閣どうしは「同型」ではなく、この「即型」でつながっていることになる。千谷慧子はロゴス的知性とレンマ的知性の境界面に接近することによって、「無数の楼閣」の表現は数学的には「同型」と表現できることを示した。これは、レンマ学的には「即」で表現されるべき構造が、数学的には「同型」と表現されることを示している。

ロゴス的知性とレンマ的知性を隔てる境界面の向こう側、すなわちロゴス的数学の領域では法界の構造は「同型」としてとらえられ（「一」と「多」は同型である）、境界面のこちら側、すなわちレンマ的知性の側では「即」の概念をとおしてとらえられる（そこでは「一」と「多」は同型ではない）。ここには華厳経の思想が現代集合論に翻訳されることによって、レンマとロゴスの境界面において、レンマ的「即」がロゴス面に飛び移る瞬間に「同」に姿を変えていく様子がはっきりあらわれている。レンマの「即」は、境界面において、ロゴスの「同」に射影される。これと同じ過程が、神経組織の中で不断にくりひろげられながら、人類の心はできあがっているのである。

千谷は現代集合論の先端部がレンマ的知性の影響を受けることによって自己変容をおこして、それが集合論の拡張につながっていく様子を描き出そうとして、この論文を書いた。しかし千谷自身がもともよく自覚しているように、この論文がたどり着いた地点は、まだ彼女が考えている到達点ではない。「即」と「同」の差異と同一性を表現することは、人類の知性の秘密の核心部に触れている問題だ。おそらく人工知性の限界も、この問題に関わっている。

彼女が構築した拡張集合論の世界が、華厳経の描き出す法界と多くの驚くべき類似点を持つことはたしかであるが、それはあくまでも境界面のロゴス側からの感触の論理化であって、境界面のこちら側と向こう側、すなわちロゴス面とレンマ面の境界空間で生起している変換過程そのものではない。その変換過程そのものが論理化できるならば、真の意味での集合論の進化が達成されたというべきである。千谷慧子の試みがそのような進化に向かっての最初の確実な一歩を記すものであることは間違いない。そのような冒険に踏み出した彼女の強靭な精神に、私は深い敬意を抱いている。

参考文献

アールフォルス『複素解析』笠原乾吉訳、現代数学社、一九八二年。

法蔵『華厳五教章』。

　『華厳経探玄記』。

中沢新一『レンマ学』講談社、二〇一九年。

末綱恕一『華厳経の世界』春秋社、一九五七年。

竹内外史『現代集合論入門』日本評論社、一九七一年。

　『層・圏・トポス』日本評論社、一九七八年。

　『直観主義的集合論』紀伊國屋書店、一九八〇年。

谷貞志『〈無常〉の哲学——ダルマキールティと刹那滅』春秋社、一九九六年。

千谷慧子『人と論理と数学と』。

　『Global Set Theory』。

Paolo Mancosu, *From Brouwer to Hilbert*, Oxford, 1998.

Saunders Mac Lane & Ieke Moerdijk, *Sheaves in Geometry and Logic*, Springer, 1992.

第3章

レンマ界の集合論

――千谷慧子

＊本章各ページの下にあるイラスト解説は三宅陽一郎による。

[1]

1　まえがき

我々が日常感じている世界は、命題が真または偽のどちらか一方に決まる2値論理の世界である。2値論理は人類の根源的論理と思われる。

真と偽を1と0で表し、真理値と呼ぶ。命題を記号 $\varphi, \psi, \cdots$ で表し、φ の真理値を $\llbracket\varphi\rrbracket$ と書く。命題 φ と ψ に対し、「φ ならば ψ」が成り立つとは、φ の真理値 $\llbracket\varphi\rrbracket$ より ψ の真理値 $\llbracket\psi\rrbracket$ が大きいということ、即ち、「ならば」は真理値の順序関係を表す。この順序に関して上限 $\llbracket\varphi\rrbracket \vee \llbracket\psi\rrbracket$ と下限 $\llbracket\varphi\rrbracket \wedge \llbracket\psi\rrbracket$ は、それぞれ 命題「φ または ψ」と「φ かつ ψ」の真理値である。

命題「φ または ψ」、「φ かつ ψ」は、それぞれ記号を使って $\varphi \vee \psi$、$\varphi \wedge \psi$ と書く。$\vee, \wedge$ は論理演算を表す記号でもあり、$\varphi \vee \psi, \varphi \wedge \psi$ を論理式という。命題を表す論理式（formula）は、論理演算を持たない論理式（atomic formula）から、論理演算を用いて順に構成される。

真理値全体は、演算 $\vee, \wedge$ を持つ順序集合であり、**束**と呼ばれる代数構造を持つ。1と0は、束の最大元と最小元である。

全ての部分集合が上限と下限を持つ順序集合を **完備束**という。真と偽の集合 $\{1, 0\}$ は、演算 $\vee, \wedge$ に関して完備ブール束であり、この真理値束を $\mathbf{2}$ で表す。

$$\mathbf{2} \stackrel{\text{def}}{=} \langle \{1, 0\} : \vee, \wedge \rangle$$

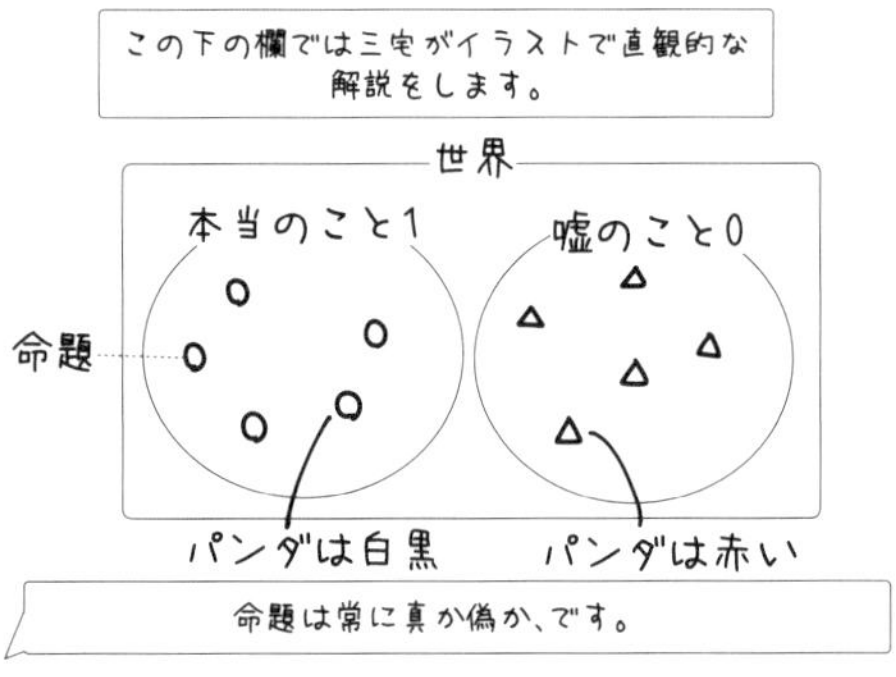

[2]

一般に、ブール束を真理値束とする論理は、**古典論理**と呼ばれている。従って、「全ての命題は真または偽のどちらか」とする我々の論理は代数系 **2** の counter-part であり、絶対者の論理と言われる。数学は **2** 値論理の宇宙で展開されている。一方、分配法則が成り立たない量子力学の世界や、排中律が成り立たない直観論理の世界など、非古典論理の世界もある。

厳密な科学というのは、**2** 値論理が照らすロゴス的知性で行われる。即ち、科学は「絶対者」の論理と言われる **2** 値論理の言葉で記述される。

我々の目標は、量子論理など非古典論理の世界を、厳密な科学の世界として表現することである。2 値集合論の宇宙に身を置いて、2 値以外の論理に従う世界を、内部世界として構築し、内部世界の集合論を、外の **2** 値論理の言葉で表現することによって、厳密な科学の領域を広げることができる。

2 値論理の論理演算としては通常、$\vee$, $\wedge$, $\neg$, $\exists$ (there exists), $\forall$ (forall) を用いるが、非古典論理の場合はそれだけでは不十分であり、新しい論理演算 $\overset{\square}{\rightarrow}$（ならば）を導入する。

「φ の真理値 $[\![\varphi]\!]$ より ψ の真理値 $[\![\psi]\!]$ が大きい」という真理値束の順序関係を表す「ならば」は、論理演算ではなく、関係を表す記号 $\Rightarrow$ で表現する。

$$「\varphi \Rightarrow \psi」 \iff [\![\varphi]\!] \leq [\![\psi]\!]$$

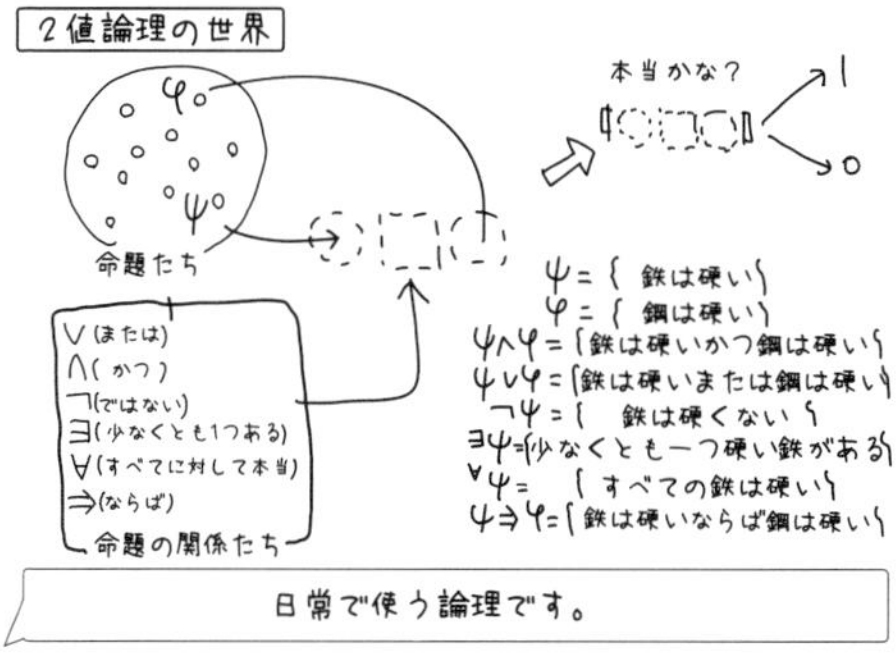

[3]

従って、「$\varphi \Rightarrow \psi$」は命題（formula）ではないが、**2** 値論理の場合には、真理値が最大元の **1** と最小元の **0** の二つだけであることから、

$$\begin{cases} [\![\varphi]\!] \leq [\![\psi]\!] \iff [\![\neg\varphi \vee \psi]\!] = 1 \\ [\![\varphi]\!] \not\leq [\![\psi]\!] \iff [\![\neg\varphi \vee \psi]\!] = 0 \end{cases}$$

となり、関係 $\Rightarrow$ を、論理演算 $\neg$ と $\vee$ を使って表現することができる。

$$\text{「}\varphi \text{ ならば } \psi\text{」} \overset{\text{def}}{=} [\![\neg\varphi \vee \psi]\!] = 1$$

非古典論理で導入される新しい論理演算「$\overset{\square}{\to}$」は、

$$[\![\varphi \text{ ならば } \psi]\!] = [\![\varphi \overset{\square}{\to} \psi]\!] = 1 \iff [\![\varphi]\!] \leq [\![\psi]\!]$$

を満たす。論理演算「$\overset{\square}{\to}$」を持つ論理体系を**広域論理 global logic** と呼ぶ。広域論理では、「$\varphi \overset{\square}{\to} \psi$」は命題「$\varphi$ ならば ψ」を表す **formula** である。

$$\begin{cases} [\![\varphi]\!] \leq [\![\psi]\!] \iff [\![\varphi \overset{\square}{\to} \psi]\!] = 1 \\ [\![\varphi]\!] \not\leq [\![\psi]\!] \iff [\![\varphi \overset{\square}{\to} \psi]\!] = 0 \end{cases}$$

§2 の束値論理は、一般の完備束を真理値束とする論理であり、広域論理の一つとして形式化される。

「関係」としての「ならば」は、記号 $\Rightarrow$ で表し、$\varphi \Rightarrow \psi$ を**式 (sequent)** という。また、式 $\varphi_1 \wedge \cdots \wedge \varphi_m \Rightarrow \psi_1 \vee \cdots \vee \psi_m$ を

$$\varphi_1, \cdots, \varphi_m \Rightarrow \psi_1, \cdots, \psi_m$$

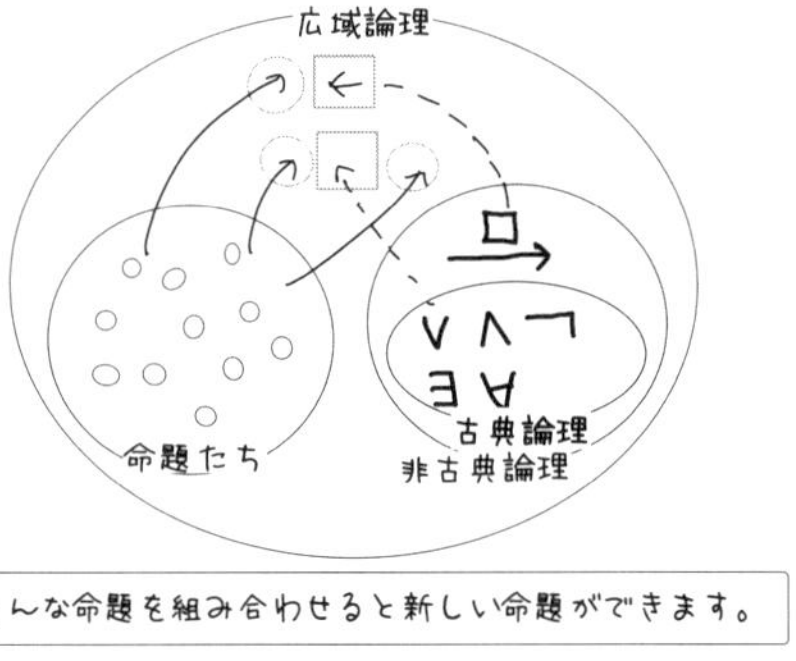
広域論理
古典論理
非古典論理
命題たち
いろんな命題を組み合わせると新しい命題ができます。

と書く。 論理演算 $\overset{\square}{\to}$ と関係 ⇒ を使って形式化された 広域論理 (global logic) は、メタ論理を内蔵し、論理自身を俯瞰する機能を持つ論理体系になる。束値集合論や量子集合論の論理は、広域論理である。

数学の命題は、集合論の命題 formula として書くことができ、さらに、「解釈」によってその真理値が決まる。

直観主義的集合論や量子集合論の世界は、位相空間上のブール値世界の層の中で表現される。位相空間の各点に、古典論理のブール値世界が対応し、連続的に変化する世界である。

量子力学は、ヒルベルト空間の射影作用素から成る真理値束を持つ量子集合論の世界で記述される。さらに、量子集合論の世界は、ヒルベルト空間の unitary 作用素が作る位相空間上の、ブール値世界の層の中で表される。量子力学における物理量は、量子集合論の世界では実数である。ブール値世界での実数は ヒルベルト空間上の自己共役作用素で表されるので、量子世界の実数は、 unitary 作用素が作る位相空間の上の、自己共役作用素を関数値とする連続関数として表される。

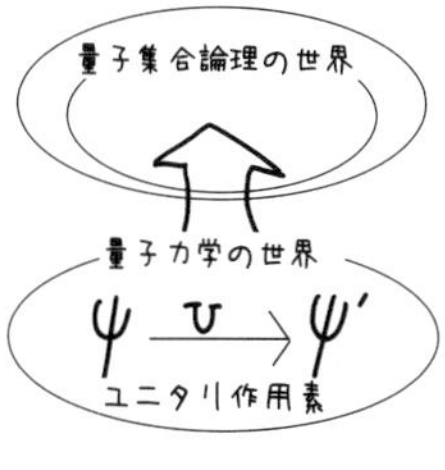

量子の世界の状態(命題)はユニタリ作用素で遷移します。

[5]

2　2値集合論

2.1　2値論理

$a, b, \cdots$ は集合を表す変数とし、「a は b の要素である」という命題は、述語記号 $\in$ を使って「$a \in b$」と表す。命題を表す変数としては φ, $\psi, \cdots$ を用いる。記号列で表される命題を **論理式 formula** という。

古典集合論の命題は、$a{\in}b$ の形の論理式から、次の論理演算を用いて構成される。

$$\wedge(\text{and}),\ \vee(\text{or}),\ \neg(\text{not}),\ \supset(\text{implication}),\ \forall(\text{for all}),\ \exists(\text{exists})$$

Lattice $\mathcal{L}$ の元 a, b に対し $a \supset b$ は、

$$\text{全ての } c \in \mathcal{L} \text{ に対し } c \leq (a \supset b) \iff c \wedge a \leq b$$

によって定義され、「a の b に関する擬補元（pseudo-complement of a relative b)」と呼ばれる。

古典論理では、命題「φ ならば ψ」を表す論理式 $\varphi \supset \psi$ は、$\neg\varphi \vee \psi$ と同じなので、$\supset$ は必要なくなる。

真命題、偽命題をそれぞれ 1 と 0 で表すと、真理値の集合 **2**（$= \{1, 0\}$）は、論理演算に対応する演算 $\wedge$, $\vee$, ,$\neg$ に関してブール束を成す。

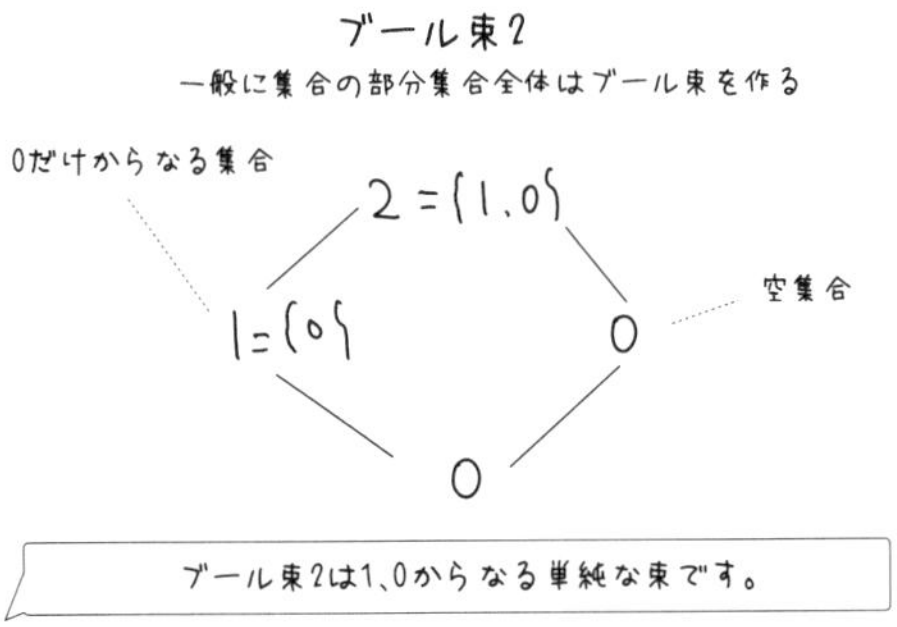
ブール束2
一般に集合の部分集合全体はブール束を作る
0だけからなる集合
2={1,0}
1={0}
0
空集合
0
ブール束2は1,0からなる単純な束です。

[6]

古典論理の命題「$\varphi \vee \neg\varphi$」は、「φ ならば φ」を表し、恒に真命題なので、古典論理の公理として採用する。

G.Gentzen は、真命題から真命題を作る推論規則を形式化して、LK という古典論理の論理体系を提唱した。同時に直観論理の体系（LJ）も提唱した。推論規則に従って真と認められる論理式は、**証明可能**であるという。

LK の **論理式 formula** は、次の規則によって構成される。

(1) 対象を表す2種類の変数を使う：

自由変数 ：$a_1, a_2, \cdots$

束縛変数 ：$x_1, x_2, \cdots$ $\big(\exists(\text{exists})\ \forall(\text{for all})$ と共に使う$\big)$

(2) $P^{(n)}$ が述語記号，$a_1, \cdots a_n$ が自由変数ならば，$P^{(n)}(a_1, \cdots a_n)$ は formula,

(3) φ, ψ が formula であれば，$\varphi \wedge \psi$, $\varphi \vee \psi$, $\varphi \supset \psi$, $\neg\varphi$ も formula,

(4) $\varphi(a)$ が自由変数 a をもつ formula ならば，$\forall x \varphi(x)$, $\exists x \varphi(x)$ も formula.

Γ と Δ がそれぞれ formula の有限列、$\varphi_1, \varphi_2, \cdots, \varphi_m$ と $\psi_1, \psi_2, \cdots, \psi_n$、

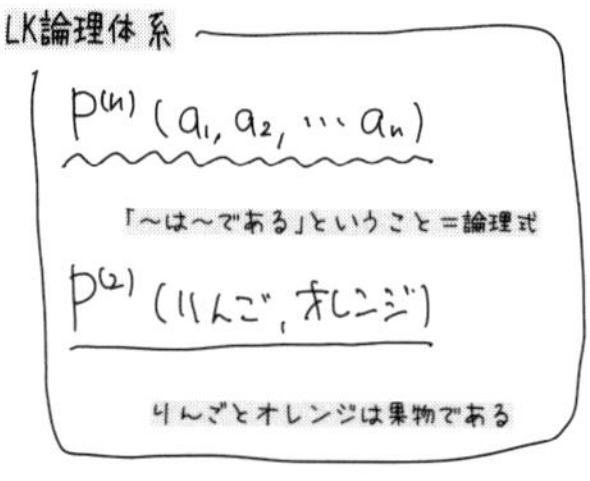

LK論理体系
P(n) (a1, a2, ・・・ an)
「〜は〜である」ということ＝論理式
P(2) (りんご, オレンジ)
りんごとオレンジは果物である

命題を関数、命題の中身の要素を関数の変数とします。

を表すとき, $\Gamma \Rightarrow \Delta$ は

$$\text{「}\varphi_1 \wedge \varphi_2 \wedge \cdots \wedge \varphi_m \text{ ならば } \psi_1 \vee \psi_2 \vee \cdots \vee \psi_n\text{」}$$

という Γ と Δ の関係を表す「文」であり、これを**式** (sequent) と呼ぶ。

$$\frac{S_1}{S} \quad \text{or} \quad \frac{S_1 \quad S_2}{S}$$

は、上式 S_1（または S_1 と S_2）から下式 S を推論する**推論 inference**を表す。

　与えられた sequent $\Gamma \Rightarrow \Delta$ の**証明**は，論理的公理から推論規則を積み重ねた証明図で表現される。Γ が空集合のとき、$\Gamma \Rightarrow \Delta$ は　$\Rightarrow \Delta$ となる。　$\Rightarrow \psi$ が証明可能ならば、ψ が証明可能という。

推論規則 inference rule

Begining sequent: $\varphi \Rightarrow \varphi$ の形の論理的公理

Structural rules :

$$\text{Thinning :} \quad \frac{\Gamma \Rightarrow \Delta}{\Gamma \Rightarrow \Delta, \varphi} \qquad \frac{\Gamma \Rightarrow \Delta}{\varphi, \Gamma \Rightarrow \Delta}$$

$$\frac{(犯人は4本足) \quad (犯人はにゃあと鳴く)}{(犯人はネコ！)}$$

論理的に証明するとはどういうことかを探究していきます。

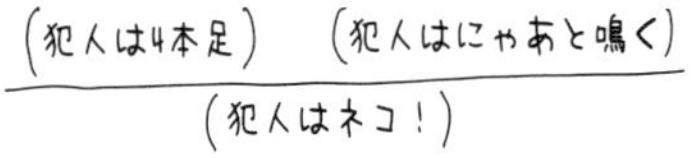

Contraction : $\dfrac{\varphi, \varphi, \Gamma \Rightarrow \Delta}{\varphi, \Gamma \Rightarrow \Delta}$ $\qquad$ $\dfrac{\Gamma \Rightarrow \Delta, \varphi, \varphi}{\Gamma \Rightarrow \Delta, \varphi}$

Interchange : $\dfrac{\Gamma, \varphi, \psi, \Pi \Rightarrow \Delta}{\Gamma, \psi, \varphi, \Pi \Rightarrow \Delta}$ $\qquad$ $\dfrac{\Gamma \Rightarrow \Delta, \varphi, \psi, \Lambda}{\Gamma \Rightarrow \Delta, \psi, \varphi, \Lambda}$

Cut : $\dfrac{\Gamma \Rightarrow \Delta, \varphi \quad \varphi, \Pi \Rightarrow \Lambda}{\Gamma, \Pi \Rightarrow \Delta, \Lambda}$

Logical rules:

$\supset$: $\dfrac{\Gamma \Rightarrow \Delta, \varphi \quad \psi, \Pi \Rightarrow \Lambda}{\varphi \supset \psi, \Gamma, \Pi \Rightarrow \Delta, \Lambda}$ $\qquad$ $\dfrac{\varphi, \Gamma \Rightarrow \Delta, \psi}{\Gamma \Rightarrow \Delta, \varphi \supset \psi}$

$\wedge$: $\dfrac{\varphi, \Gamma \Rightarrow \Delta}{\varphi \wedge \psi, \Gamma \Rightarrow \Delta}$ $\qquad$ $\dfrac{\Gamma \Rightarrow \Delta, \varphi \quad \Gamma \Rightarrow \Delta, \psi}{\Gamma \Rightarrow \Delta, \varphi \wedge \psi}$

$\dfrac{\psi, \Gamma \Rightarrow \Delta}{\varphi \wedge \psi, \Gamma \Rightarrow \Delta}$

$\vee$: $\dfrac{\varphi, \Gamma \Rightarrow \Delta \quad \psi, \Gamma \Rightarrow \Delta}{\varphi \vee \psi, \Gamma \Rightarrow \Delta}$ $\qquad$ $\dfrac{\Gamma \Rightarrow \Delta, \psi}{\Gamma \Rightarrow \Delta, \varphi \vee \psi}$

$\dfrac{\Gamma \Rightarrow \Delta, \psi}{\Gamma \Rightarrow \Delta, \varphi \vee \psi}$

Cut

(嵐が来た　風が強い、雨が強い)(雨が強い、傘がない　ならば　ぬれる)

―――――――――――――――――――――――――――

嵐が来た、傘がない　　雨が強い、ぬれる

具体的に考えるとわかりやすいですね。

[9]

$\neg$:

$$\frac{\Gamma \Rightarrow \Delta, \varphi}{\neg\varphi, \Gamma \Rightarrow \Delta} \qquad \frac{\varphi, \Gamma \Rightarrow \Delta}{\Gamma \Rightarrow \Delta, \neg\varphi}$$

$\forall$:

$$\frac{\varphi(t), \Gamma \Rightarrow \Delta}{\forall x\varphi(x), \Gamma \Rightarrow \Delta}$$

where t is any term

$$\frac{\Gamma \Rightarrow \Delta, \varphi(a)}{\Gamma \Rightarrow \Delta, \forall x\varphi(x)}$$

where a is a free variable which does not occur in the lower sequent.

$\exists$:

$$\frac{\varphi(a), \Gamma \Rightarrow \Delta}{\exists x\varphi(x), \Gamma \Rightarrow \Delta}$$

where a is a free variable which does not occur in the lower sequent.

$$\frac{\Gamma \Rightarrow \Delta, \varphi(t)}{\Gamma \Rightarrow \Delta, \exists x\varphi(x)}$$

where t is any term

省略記号

$$\top \overset{\text{def}}{\Longleftrightarrow} (\varphi \supset \varphi)$$

$$\bot \overset{\text{def}}{\Longleftrightarrow} \neg\top$$

$$\varphi \equiv \psi \overset{\text{def}}{\Longleftrightarrow} (\varphi \supset \psi) \wedge (\psi \supset \varphi)$$

$$\frac{\Gamma \Rightarrow \Delta, \varphi(t)}{\Gamma \Rightarrow \Delta, \exists x\varphi(x)}$$

$$\frac{\text{雨が降った} \Rightarrow \text{芝生が濡れる、車が濡れる}}{\text{雨が降った} \Rightarrow \text{芝生が濡れる，濡れている車が存在する}}$$

これも具体例を考えるとわかりやすいです。

[10]

2.2 Zermelo-Fraenkel の公理体系 ZFC

集合は、要素を列挙して

$$\{a_1, a_2, \cdots\}$$

と記述するか、または、「性質 $\varphi(a)$ を持つ a の集合」として表す：

$$\{a \mid \varphi(a)\}$$

例えば、空集合 $\emptyset$ は、要素を持たない集合であるから

$$\{a \mid \bot\}$$

とすれば良い。

また、「集合 a と b が等しい $(a = b)$」という命題は次のように表す：

$$\forall x(x \in a \supset x \in b) \wedge \forall x(x \in b \supset x \in a)$$

命題 φ, ψ に対し、$\varphi \equiv \psi$ は $(\varphi \supset \psi) \wedge (\psi \supset \varphi)$ の略とすると

$$a = b \overset{\text{def}}{\Longleftrightarrow} \forall x(x \in a \equiv x \in b)$$

次の公理体系は「集合」の概念を表現する Zermelo-Fraenkel の体系 ZFC と呼ばれている。

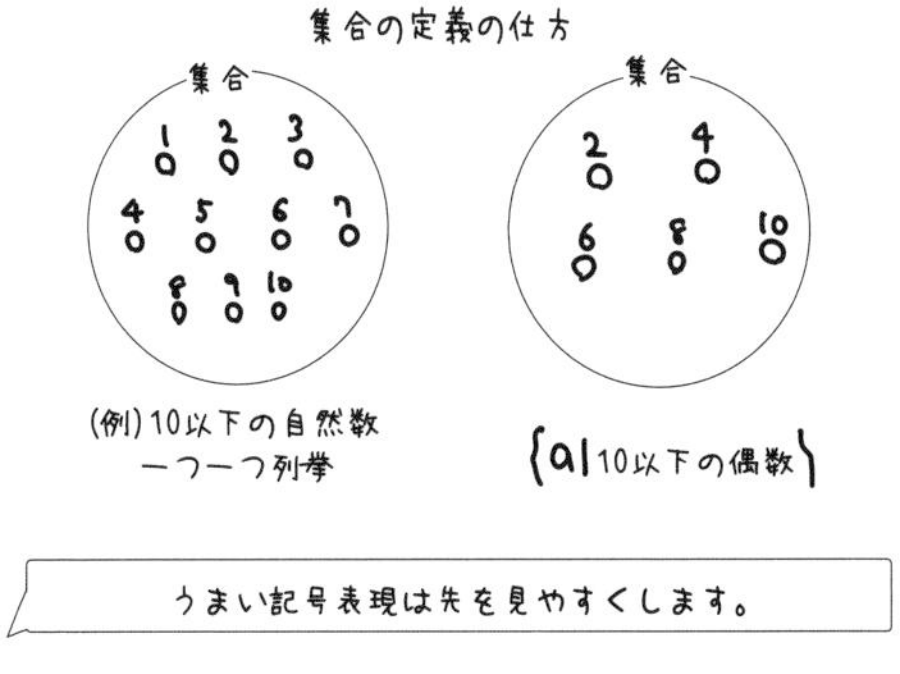
集合の定義の仕方
集合
1 2 3 4 5 6 7 8 9 10
(例) 10以下の自然数
一つ一つ列挙
集合
2 4 6 8 10
{a|10以下の偶数}
うまい記号表現は先を見やすくします。

[11]

A1. Equality $\forall u \forall v\big((u=v \wedge \varphi(u)) \supset \varphi(v)\big)$.

A2. Extensionality $\forall u, v\big(\forall x(x \in u \equiv x \in v) \supset (u=v)\big)$.

A3. Pairing $\forall u, v \exists z\big(\forall x(x \in z \equiv (x=u \vee x=v))\big)$.

The set z satisfying $\forall x(x \in z \equiv (x = u \vee x = v))$ is denoted by $\{u, v\}$.

A4. Union $\forall u \exists z\,(\forall x(x \in z \equiv \exists y \in u(x \in y)))$.

The set z satisfying $\forall x(x \in z \equiv \exists y \in u(x \in y))$ is denoted by $\bigcup u$.

A5. Power set $\forall u \exists z\Big(\forall x\big((x \in z) \equiv (x \subset u)\big)\Big)$, where

$$x \subset u \overset{\text{def}}{\Longleftrightarrow} \forall y\big((y \in x) \supset (y \in u)\big).$$

The set z satisfying $\forall x\big((x \in z) \equiv (x \subset u)\big)$ is denoted by $\mathcal{P}(u)$.

A6. Infinity $\exists u\big(\exists x(x \in u) \wedge \forall x \in u \exists y \in u(x \in y)\big)$.

A7. Separation $\forall u \exists v \forall x\big((x \in v) \equiv (x \in u \wedge \varphi(x))\big)$.

The set v satisfying $\forall x\big((x \in v) \equiv (x \in u \wedge \varphi(x))\big)$ is denoted by $\{x \in u \mid \varphi(x)\}$.

A8. Collection $\forall u \exists v\Big((\forall x \in u \exists y \varphi(x, y)) \supset \forall x \in u \exists y \in v \varphi(x, y)\Big)$.

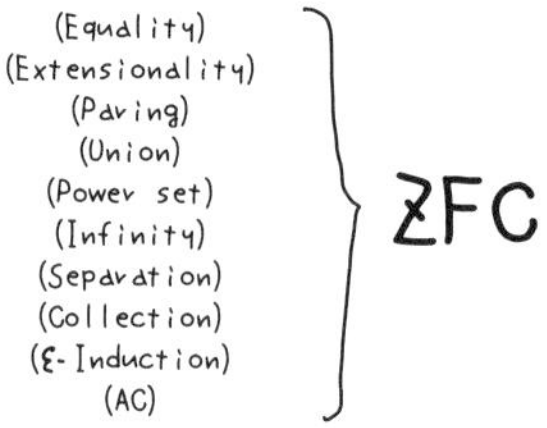

公理系とは数学の出発点であり原理そのものです。

[12]

A9. $\in$-induction $\forall x\big(\forall y \in x\varphi(y)) \supset \varphi(x)\big) \supset \forall x\varphi(x)$.

AC (Axiom of choice) If u is a set of nonempty sets, there exists a function f such that for every $x \in u$, $f(x) \in x$.

$$\forall u\Big(\big(u \neq \emptyset \wedge \forall x \in u(x \neq \emptyset)\big) \supset \exists f \subset (u \times \bigcup u)\big(\forall x \in u(f(x) \in x)\big)\Big)$$

古典集合論では、Axiom of choice （選択公理）が、次の Zorn's lemma と同等であることが知られている。

Zorn (Zorn's lemma) $\forall v\big(\mathrm{Chain}(v, u) \supset (\bigcup v \in u)\big) \supset \exists z \mathrm{Max}(z, u)$, where

$$\mathrm{Chain}(v, u) \overset{\mathrm{def}}{\Longleftrightarrow} (v \subset u) \wedge \forall x, y \in v\big((x \subset y) \vee (y \subset x)\big),$$
$$\mathrm{Max}(z, u) \overset{\mathrm{def}}{\Longleftrightarrow} (z \in u) \wedge \forall x\Big(\big((x \in u) \wedge (z \subset x)\big) \supset (z = x)\Big).$$

2.3 2値集合論の世界

集合論の世界のモデル V は、空集合から順に、部分集合の全体、そのまた部分集合の全体、と積み重ねる操作を繰り返して、構成される。即ち、
空集合を $\emptyset$、集合 a の部分集合全体を $\mathcal{P}(a)$ として、

$$\emptyset \overset{\mathrm{def}}{=} \{x \mid x \neq x\} \quad ; \quad \mathcal{P}(a) \overset{\mathrm{def}}{=} \{x \mid x \subset a\}$$

$a = \{\alpha_0, \alpha_1, \alpha_2\}$

$P(a) = \{ (\alpha_0, \alpha_1, \alpha_2)$
(α_0, α_1)
(α_1, α_2)
(α_2, α_0)
$(\alpha_0)(\alpha_1)(\alpha_2)$
$\phi \}$

3つの要素の部分集合を列挙すると、上記になります。

[13]

V は次のように構成する。

$$V_0 = \emptyset$$

$$V_{\alpha+1} = \mathcal{P}(V_\alpha)$$

$$V = \{\emptyset\} \cup \mathcal{P}(\{\emptyset\}) \cup \cdots \cup \mathcal{P}(V_\alpha) \cup \mathcal{P}(V_{\alpha+1}) \cup \cdots$$

2 値の古典集合論のモデル $V^{\mathbf{2}}$ では、部分集合が **2** 値の特性関数で表される。即ち、α が順序数ならば、$\beta<\alpha$ なる全ての順序数 β に対して $V_\beta^{\mathbf{2}}$ が定義された時、$u \in V_\alpha^{\mathbf{2}}$ は特性関数 $u : V_\beta^{\mathbf{2}} \to \mathbf{2}$ で表される。

$$V_0^{\mathbf{2}} = \emptyset$$

$$V_\alpha^{\mathbf{2}} = \{u \mid \exists\beta<\alpha(u : V_\beta^{\mathbf{2}} \to \mathbf{2}\}$$

$$V^{\mathbf{2}} = \bigcup_\alpha V_\alpha^{\mathbf{2}}$$

$V^{\mathbf{2}}$ は、**2** 値集合論の世界であり、**2** を省略して V とも書く。

世界 V（$=V^{\mathbf{2}}$）の各点は、空集合 $\emptyset$ を部分集合として持ち、$\emptyset$ を起点として、V 自身と同型な世界が V の中に構成されることになる。即ち、V は、自分自身と同型な V を無数に内蔵している。

このことは、世界の全てのものが全宇宙を内蔵しているという華厳経の思想を表しているのだろうか。

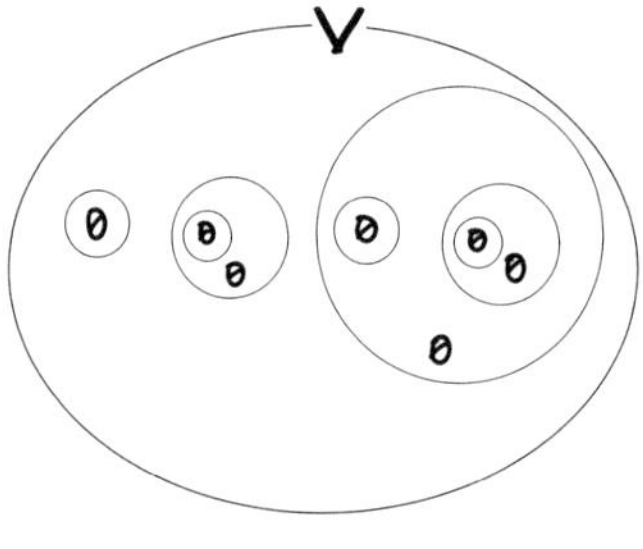

世界Vが空$\emptyset$から生成する様子とも言えます。

2.4 論理体系の解釈

一般に、述語記号の対象領域と内容を具体的に与えると，formula の真理値が決まる。対象領域を M とすると，述語記号 $P^{(n)}$ は、M の n 個の元の組 $(\alpha_1, \cdots, \alpha_n)$ に、真理値を対応させる関数を表す：

$$[\![P^{(n)}]\!] : M^n \to \{\, 真理値 \,\}$$

formula φ の真理値 $[\![\varphi]\!]$ は、次の様に帰納的に定められる。$\beta < \alpha$ の時、V_β の元 u, v に対して $[\![u = v]\!]$ が定義されると

$$[\![u \in v]\!] = \bigvee_{x \in V_\beta} \big([\![x = u]\!] \wedge v(x)\big)$$

$$[\![u = v]\!] = \bigwedge_{x \in \mathcal{D}(u)} \big(u(x) \supset [\![x \in v]\!]\big) \wedge \bigwedge_{x \in \mathcal{D}(v)} \big(v(x) \supset [\![x \in u]\!]\big)$$

によって、V の上で、$u \in v$ と $u = v$ の真理値がきまる。

また、述語記号 $P^{(n)}$ の解釈と、対象領域と各自由変数に M の元を対応させる対応 i を与えると，M と $[\![\ ]\!]$ と i によって formula $P^{(n)}(a_1, \cdots, a_n)$ の真理値 $[\![P^{(n)}(a_1, \cdots, a_n)]\!]$ が決まる：

$$[\![P^{(n)}(a_1, \cdots, a_n)]\!] = [\![P^{(n)}]\!](i(a_1), \cdots, i(a_n))$$

M と $[\![\ ]\!]$ と i の組 $\langle M, [\![\ ]\!], i \rangle$ を**解釈**と呼ぶ。さらに，論理記号を真理値束の演算と解釈して、他のすべての formula φ に対して真理値 $[\![\varphi]\!]$

P が命題、変数が中身、そしてそれが本当かどうか、が真理値。

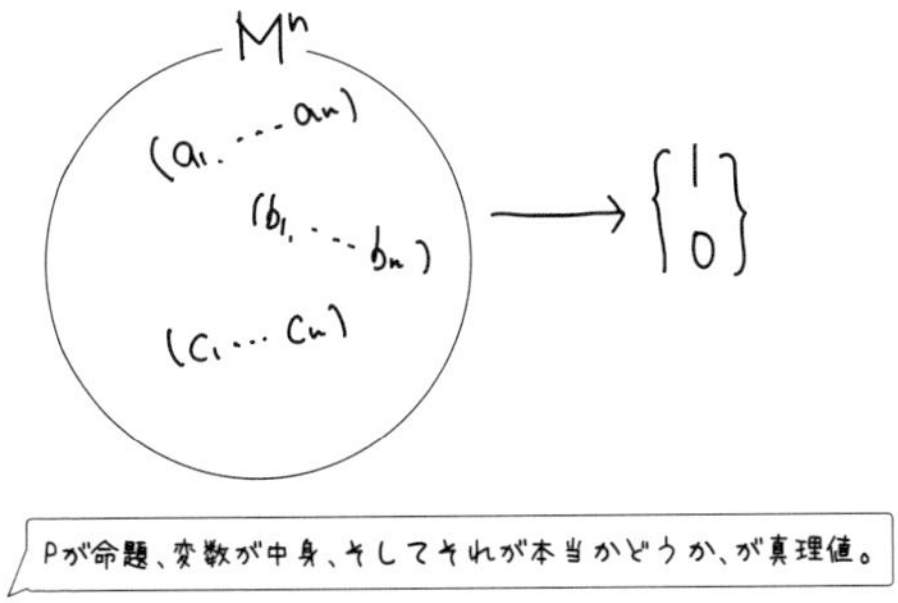

が決まる。すなわち,

$$
\begin{aligned}
[\![\varphi \wedge \psi]\!] &= [\![\varphi]\!] \wedge [\![\psi]\!] \\
[\![\varphi \vee \psi]\!] &= [\![\varphi]\!] \vee [\![\psi]\!] \\
[\![\neg\varphi]\!] &= \neg[\![\varphi]\!] \\
[\![\forall x\varphi(x)]\!] &= \bigwedge_{x\in V} [\![\varphi(x)]\!] \\
[\![\exists x\varphi(x)]\!] &= \bigvee_{x\in V} [\![\varphi(x)]\!]
\end{aligned}
$$

u が v の 部分集合であることは

$$u \subset v \overset{\text{def}}{\Longleftrightarrow} \forall x(x \in u \supset x \in v)$$

と定義され、その真理値は

$$[\![u \subset v]\!] \overset{\text{def}}{\Longleftrightarrow} \bigwedge_{x\in \mathcal{D}u} ([\![x \in u]\!] \supset [\![x \in v]\!])$$

となる。ここで、$\supset$ は「ならば」を表す論理記号であり、古典論理の場合、$\varphi \supset \psi$ は $\neg\varphi \vee \psi$ を表す。

公理から古典論理を用いて導かれる定理の真理値は 1 になる。

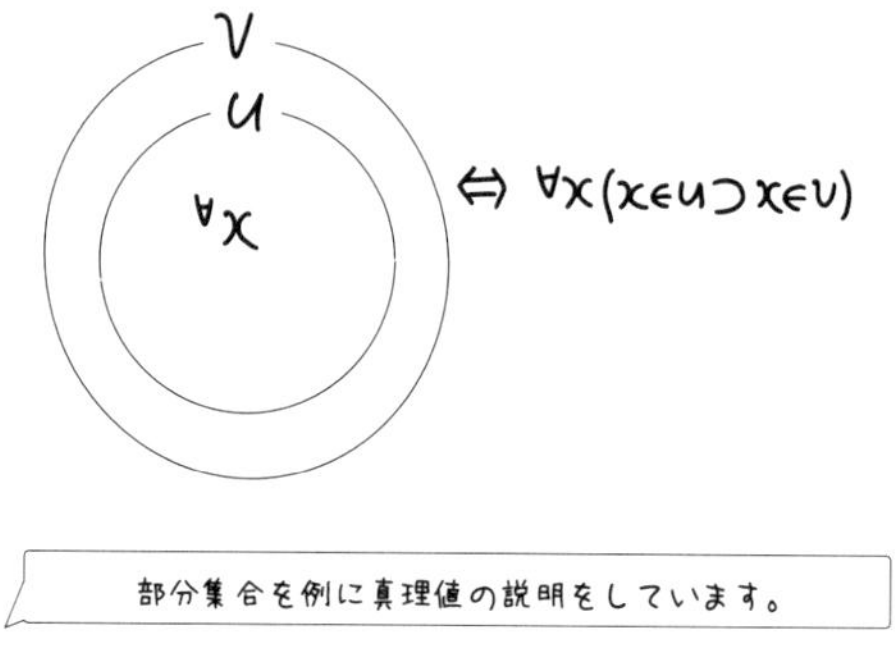

3 束値集合論 (Lattice valued set theory)

順序集合は、全ての部分集合が上限と下限を持つ時 **完備束**（complete lattice）といい、一般の完備束を真理値束とする集合論を**束値集合論** Lattice valued set theory (記号で LZFZ) という。

3.1 束値論理 Lattice valued logic

完備束を真理値束とする論理体系が**束値論理** という。束値論理の体系に、排中律、分配法則などの制約を加えることによって、古典論理の体系になる。

束 lattice の最大元を 1 で、最小元を 0 で表す。1 と 0 から成る束 2 は、$\vee, \wedge$ に関して完備ブール束である。

古典論理では、「関係」を表す「ならば」を論理演算として表現できたが、一般の完備束で表される論理を定式化するには、「ならば」を表す論理演算として $\supset$ では不十分である。$\supset$ より強い形の論理演算 $\overset{\square}{\to}$ を追加する。論理演算 $\overset{\square}{\to}$ を持つ論理体系を **広域論理**（global logic） という。

$$[\![\varphi \ \text{ならば} \ \psi]\!] = [\![\varphi \overset{\square}{\to} \psi]\!] = 1 \iff [\![\varphi]\!] \le [\![\psi]\!]$$

即ち、広域論理では、「$\varphi \overset{\square}{\to} \psi$」は「$\varphi$ ならば ψ」を表す命題 formula で

古典論理から広域論理へ、ここが一番の理解の鍵です。

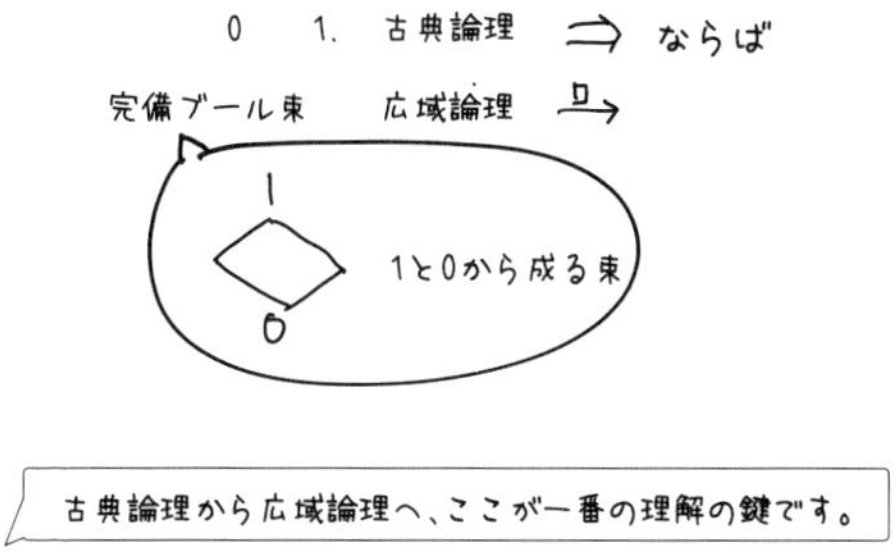

ある。

$$\begin{cases} [\![\varphi]\!] \leq [\![\psi]\!] \iff [\![\varphi \overset{\square}{\to} \psi]\!] = 1 \\ [\![\varphi]\!] \nleq [\![\psi]\!] \iff [\![\varphi \overset{\square}{\to} \psi]\!] = 0 \end{cases}$$

古典論理の場合と同様に、「関係」としての「ならば」は、記号 $\Rightarrow$ で表し、「$\varphi_1, , \cdots, \varphi_m \Rightarrow \psi_1, \cdots, \psi_n$」の形の文を **式（sequent）**という。

束値集合論の命題を表す formula は、変数と述語記号から、論理演算を用いて構成される。

束値論理は、論理演算として $\wedge, \vee, \forall, \exists, \overset{\square}{\to}$ を持つ広域論理である。

$\varphi \Rightarrow \varphi$ という型の sequent は，恒に真であり，これを**論理的公理**とする。論理的公理から推論規則に従って推論するのが**証明**である。

命題を見易くするため次の省略記号を使う。

カレーの完備系

{ルー、にんじん、たまねぎ}

{ルー、にんじん}　{ルー、たまねぎ}　{たまねぎ、にんじん}

{ルー}　{にんじん}　{たまねぎ}

{ (皿) }

束は英語で lattice(格子構造)、包含構造の序列です。

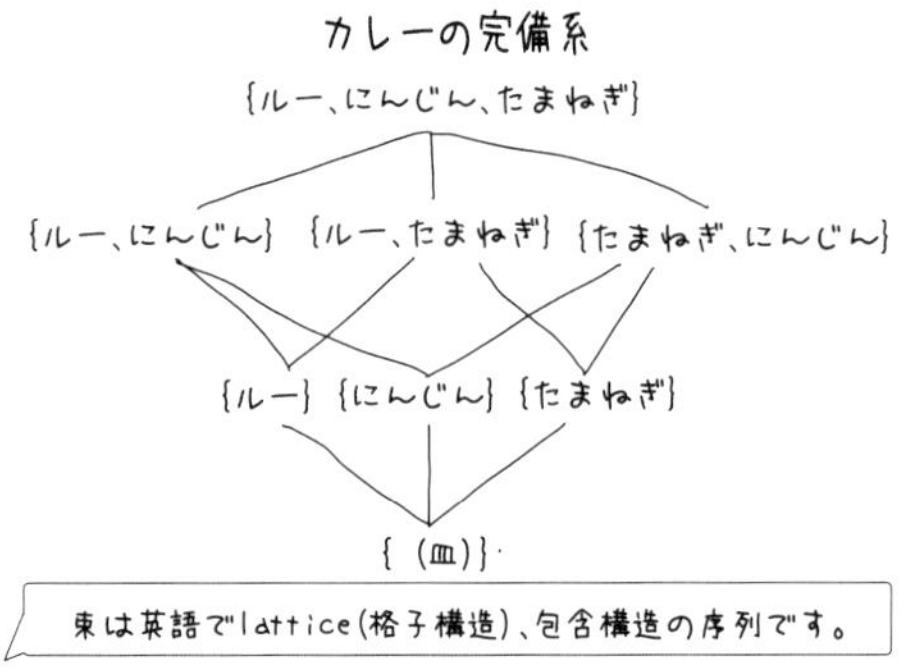

[18]

省略記号

$$
\begin{aligned}
\top &\overset{\text{def}}{\iff} (\varphi \overset{\Box}{\rightarrow} \varphi) \\
\bot &\overset{\text{def}}{\iff} \neg\top \\
\neg\varphi &\overset{\text{def}}{\iff} (\varphi \overset{\Box}{\rightarrow} \bot) \\
\varphi \overset{\Box}{\leftrightarrow} \psi &\overset{\text{def}}{\iff} (\varphi \overset{\Box}{\rightarrow} \psi) \wedge (\psi \overset{\Box}{\rightarrow} \varphi) \\
\Box\varphi &\overset{\text{def}}{\iff} (\varphi \overset{\Box}{\rightarrow} \varphi) \overset{\Box}{\rightarrow} \varphi \\
\Diamond\varphi &\overset{\text{def}}{\iff} \neg(\neg\Box\varphi)
\end{aligned}
$$

推論規則

推論規則を書くために、まず、「formula が □-closed である」ということを定義する。□-closed formula は、真理値が 1 または 0 になる formula である。

□-closed formula の定義

(1)　$(\varphi \overset{\Box}{\rightarrow} \psi)$ の形を持つ formulas は □-closed である；

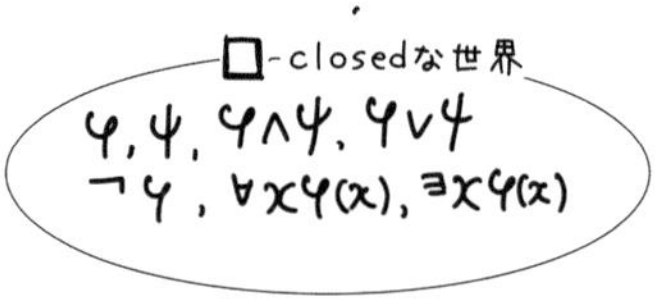

束は英語でlattice(格子構造)、包含構造の序列です。

[19]

(2) φ と ψ が □-closed formula ならば、$\varphi \wedge \psi$, $\varphi \vee \psi$ および $\neg\varphi$ も □-closed formula である；

(3) Formula $\varphi(a)$ が free variable a を持つ □-closed formula ならば、$\forall x \varphi(x)$ と $\exists x \varphi(x)$ も □-closed formula である；

(4) □-closed formula は (1)–(3) によるもののみ。

$\Gamma, \Delta, \Pi, \Lambda, \cdots$ は formula の有限列を表す。$\overline{\varphi}, \overline{\psi}, \cdots$ は □-closed formula を、$\overline{\Gamma}, \overline{\Delta}, \overline{\Pi}, \overline{\Lambda}, \cdots$ は □-closed formula の有限列を表す。

論理的公理： $\varphi \Rightarrow \varphi$

構造規則：

増： $\dfrac{\Gamma \Rightarrow \Delta}{\varphi, \Gamma \Rightarrow \Delta}$ $\dfrac{\Gamma \Rightarrow \Delta}{\Gamma \Rightarrow \Delta, \varphi}$

減： $\dfrac{\varphi, \varphi, \Gamma \Rightarrow \Delta}{\varphi, \Gamma \Rightarrow \Delta}$ $\dfrac{\Gamma \Rightarrow \Delta, \varphi, \varphi}{\Gamma \Rightarrow \Delta, \varphi}$

換： $\dfrac{\Gamma, \varphi, \psi, \Pi \Rightarrow \Delta}{\Gamma, \psi, \varphi, \Pi \Rightarrow \Delta}$ $\dfrac{\Gamma \Rightarrow \Delta, \varphi, \psi, \Lambda}{\Gamma \Rightarrow \Delta, \psi, \varphi, \Lambda}$

三段論法： $\dfrac{\Gamma \Rightarrow \overline{\Delta}, \varphi \quad \varphi, \Pi \Rightarrow \Lambda}{\Gamma, \Pi \Rightarrow \overline{\Delta}, \Lambda}$ $\dfrac{\Gamma \Rightarrow \Delta, \varphi \quad \varphi, \overline{\Pi} \Rightarrow \Lambda}{\Gamma, \overline{\Pi} \Rightarrow \Delta, \Lambda}$

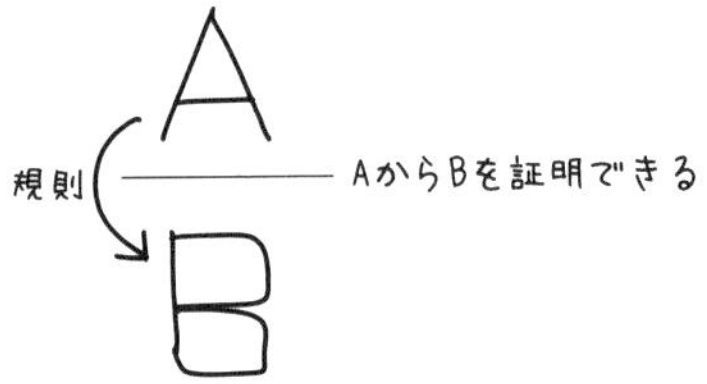

この形式は論理学、計算機科学、証明論で頻出します。

[20]

$$\frac{\Gamma \Rightarrow \Delta, \overline{\varphi} \quad \overline{\varphi}, \Pi \Rightarrow \Lambda}{\Gamma, \Pi \Rightarrow \Delta, \Lambda}$$

論理規則:

$\wedge$:

$$\frac{\varphi, \Gamma \Rightarrow \Delta}{\varphi \wedge \psi, \Gamma \Rightarrow \Delta} \qquad \frac{\Gamma \Rightarrow \overline{\Delta}, \varphi \quad \Gamma \Rightarrow \overline{\Delta}, \psi}{\Gamma \Rightarrow \overline{\Delta}, \varphi \wedge \psi}$$

$$\frac{\psi, \Gamma \Rightarrow \Delta}{\varphi \wedge \psi, \Gamma \Rightarrow \Delta} \qquad \frac{\Gamma \Rightarrow \Delta, \overline{\varphi} \quad \Gamma \Rightarrow \Delta, \overline{\psi}}{\Gamma \Rightarrow \Delta, \overline{\varphi} \wedge \overline{\psi}}$$

$\vee$:

$$\frac{\varphi, \overline{\Gamma} \Rightarrow \Delta \quad \psi, \overline{\Gamma} \Rightarrow \Delta}{\varphi \vee \psi, \overline{\Gamma} \Rightarrow \Delta} \qquad \frac{\Gamma \Rightarrow \Delta, \psi}{\Gamma \Rightarrow \Delta, \varphi \vee \psi}$$

$$\frac{\overline{\varphi}, \Gamma \Rightarrow \Delta \quad \overline{\psi}, \Gamma \Rightarrow \Delta}{\overline{\varphi} \vee \overline{\psi}, \Gamma \Rightarrow \Delta} \qquad \frac{\Gamma \Rightarrow \Delta, \psi}{\Gamma \Rightarrow \Delta, \varphi \vee \psi}$$

$$\frac{\overline{\varphi}, \Gamma \Rightarrow \Delta \quad \overline{\psi}, \Gamma \Rightarrow \Delta}{\overline{\varphi} \vee \overline{\psi}, \Gamma \Rightarrow \Delta} \qquad \frac{\Gamma \Rightarrow \Delta, \psi}{\Gamma \Rightarrow \Delta, \varphi \vee \psi}$$

$\neg$:

$$\frac{\overline{\varphi}, \Gamma \Rightarrow \Delta}{\Gamma \Rightarrow \Delta, \neg\overline{\varphi},} \qquad \frac{\Gamma \Rightarrow \Delta, \overline{\psi}}{\neg\overline{\psi}, \Gamma \Rightarrow \Delta}$$

$$\frac{\varphi, \Gamma \Rightarrow \Delta}{\varphi \wedge \psi, \Gamma \Rightarrow \Delta}$$

(例)

$$\frac{\text{りんごは赤い、りんごは香る} \Rightarrow \text{りんごはおいしい}}{\text{りんごは赤い、かつりんごはつやつや、りんごは香る} \Rightarrow \text{りんごはおいしい}}$$

これも具体例を考えるとわかりやすいです。

[21]

$$\overset{\square}{\to}: \quad \frac{\Gamma \Rightarrow \overline{\Delta}, \varphi \quad \psi, \overline{\Pi} \Rightarrow \Lambda}{(\varphi \overset{\square}{\to} \psi), \Gamma, \overline{\Pi} \Rightarrow \overline{\Delta}, \Lambda} \qquad \frac{\varphi, \overline{\Gamma} \Rightarrow \overline{\Delta}, \psi}{\overline{\Gamma} \Rightarrow \overline{\Delta}, (\varphi \overset{\square}{\to} \psi)} \qquad \frac{\overline{\varphi}, \Gamma \Rightarrow \Delta, \overline{\psi}}{\Gamma \Rightarrow \Delta, (\overline{\varphi} \overset{\square}{\to} \overline{\psi})}$$

$$\forall: \quad \frac{\varphi(t), \Gamma \Rightarrow \Delta}{\forall x \varphi(x), \Gamma \Rightarrow \Delta} \qquad \frac{\Gamma \Rightarrow \overline{\Delta}, \varphi(a)}{\Gamma \Rightarrow \overline{\Delta}, \forall x \varphi(x)} \quad \frac{\Gamma \Rightarrow \Delta, \overline{\varphi}(a)}{\Gamma \Rightarrow \Delta, \forall x \overline{\varphi}(x)}$$

t は任意　　a は下式に現れない自由変数

$$\exists: \quad \frac{\varphi(a), \overline{\Gamma} \Rightarrow \Delta}{\exists x \varphi(x), \overline{\Gamma} \Rightarrow \Delta} \quad \frac{\overline{\varphi}(a), \Gamma \Rightarrow \Delta}{\exists x \overline{\varphi}(x), \Gamma \Rightarrow \Delta} \qquad \frac{\Gamma \Rightarrow \Delta, \varphi(t)}{\Gamma \Rightarrow \Delta, \exists x \varphi(x)}$$

a は下式に現れない自由変数　　t は任意

論理的公理からこれらの推論規則にしたがって証明図が書かれたとき，証明図の一番下の sequent は証明可能ということになる。

Sequent $\Gamma \Rightarrow \Delta$ が証明可能のとき

$$\vdash \Gamma \Rightarrow \Delta,$$

formula φ に対し sequent ‘ $\Rightarrow \varphi$’ が証明可能のとき，単に

$$\vdash \varphi$$

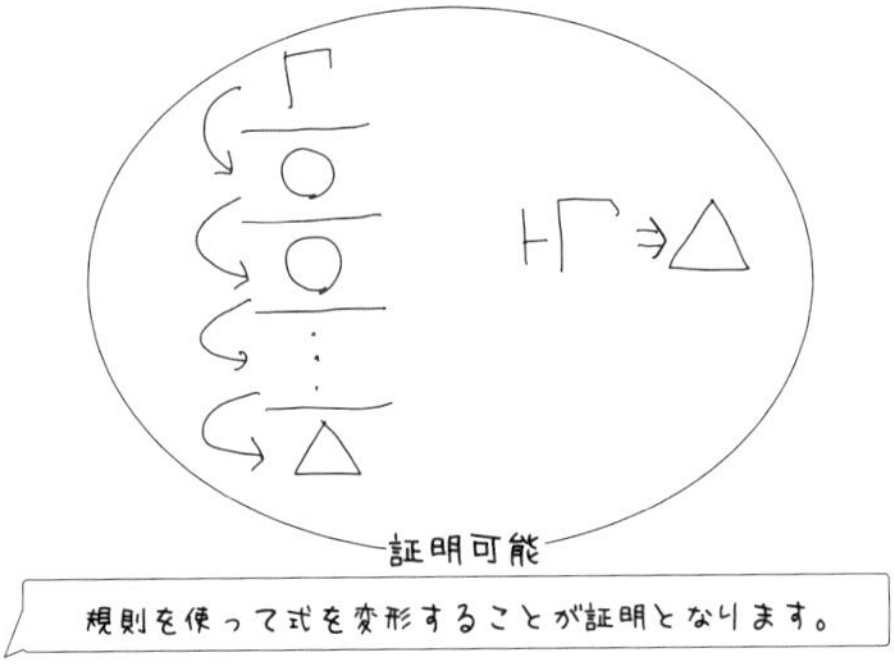

⊢Γ⇒△
証明可能
規則を使って式を変形することが証明となります。

[22]

と書く。$\vdash \Gamma \Rightarrow \Delta$ と $\vdash \Delta \Rightarrow \Gamma$ を併せて $\vdash \Gamma \Leftrightarrow \Delta$ と書く。

推論規則に従って証明可能な命題は真であること，すなわち，健全性は容易に確かめられる。また，束値論理の命題がすべての解釈によって真であれば証明可能であることは、完全性という。完全性も証明されている Takano[6]。

証明の例

(1) $\vdash \Box\varphi \Rightarrow \varphi$,

$$\because)\quad \cfrac{\cfrac{\cfrac{\varphi \Rightarrow \varphi \quad (\text{論理的公理})}{\Rightarrow (\varphi \overset{\Box}{\to} \varphi) \qquad \varphi \Rightarrow \varphi \quad (\overset{\Box}{\to}\text{右と公理})}}{(\varphi \overset{\Box}{\to} \varphi) \overset{\Box}{\to} \varphi \ \Rightarrow \varphi \quad (\overset{\Box}{\to}\text{左})}}{\Box\varphi \ \Rightarrow \varphi \quad (\Box\text{ の定義})}$$

(2) $\vdash \overline{\Gamma} \Rightarrow \varphi$ ならば $\vdash \overline{\Gamma} \Rightarrow \Box\varphi$

$$\because)\quad \cfrac{\cfrac{\cfrac{\overline{\Gamma} \Rightarrow \varphi}{\overline{\Gamma}, (\varphi \overset{\Box}{\to} \varphi) \Rightarrow \varphi \qquad (\text{左増})}}{\overline{\Gamma} \Rightarrow (\varphi \overset{\Box}{\to} \varphi) \to \varphi \qquad (\overset{\Box}{\to}\text{右})}}{\overline{\Gamma} \Rightarrow \Box\varphi \quad (\Box\text{ の定義})}$$

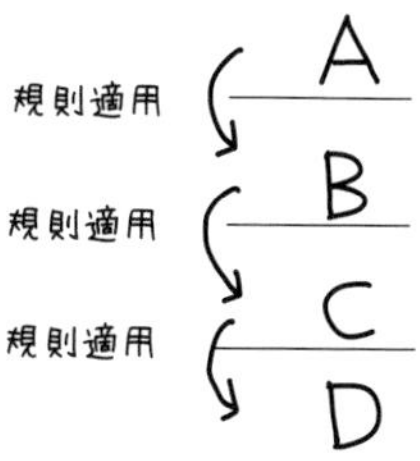

束は英語でlattice(格子構造)、包含構造の序列です。

[23]

広域論理には、束値論理、量子論理などがある。勿論、古典論理や直観論理も広域論理と見ることができる。

3.2 広域集合論 global set theory の公理

論理演算 $\overset{\square}{\to}$ を持つ広域論理に基づく集合論を広域集合論 **global set theory** という。広域集合論は、次の公理 GA1-11 を前提として展開される。公理系 GA1-11 を GZFC（**Global Zermelo-Fraenkel の公理系**）とよぶ。GZFC は、ZFC を global logic の言語で書き直した公理体系である。

$$\vdash GA1, \cdots, GA11 \Rightarrow \varphi$$

が成り立つ時 命題 φ が 広域集合論で**証明可能**という。

GA1. Equality $\forall u \forall v \left(u = v \wedge \varphi(u) \overset{\square}{\to} \varphi(v)\right)$.

GA2. Extensionality $\forall u, v \left(\forall x (x \in u \overset{\square}{\leftrightarrow} x \in v) \overset{\square}{\to} u = v\right)$.

GA3. Pairing $\forall u, v \exists z \left(\forall x (x \in z \overset{\square}{\leftrightarrow} (x = u \vee x = v))\right)$.

The set z satisfying $\forall x (x \in z \overset{\square}{\leftrightarrow} (x = u \vee x = v))$ is denoted by $\{u, v\}$.

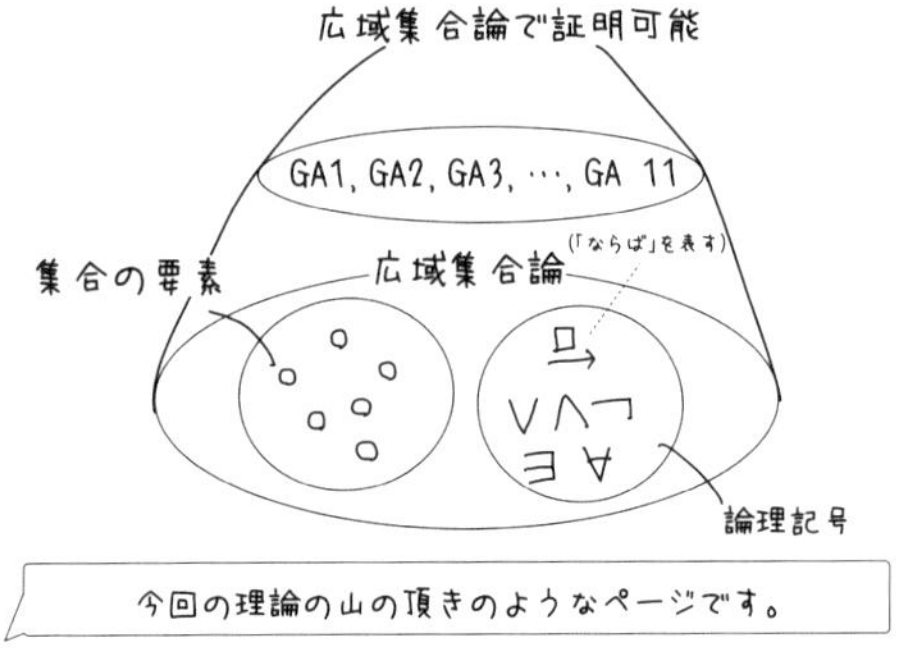

[24]

GA4. Union $\forall u \exists z \left(\forall x(x \in z \overset{\Box}{\leftrightarrow} \exists y \in u(x \in y))\right)$.

The set z satisfying $\forall x(x \in z \overset{\Box}{\leftrightarrow} \exists y \in u(x \in y))$ is denoted by $\bigcup u$.

GA5. Power set $\forall u \exists z \left(\forall x(x \in z \overset{\Box}{\leftrightarrow} x \subset u)\right)$, where

$$x \subset u \overset{\text{def}}{\iff} \forall y(y \in x \overset{\Box}{\to} y \in u).$$

The set z satisfying $\forall x(x \in z \overset{\Box}{\leftrightarrow} x \subset u)$ is denoted by $\mathcal{P}(u)$.

GA6. Infinity $\exists u \left(\exists x(x \in u) \wedge \forall x(x \in u \overset{\Box}{\to} \exists y \in u(x \in y))\right)$.

GA7. Separation $\forall u \exists v \left(\forall x(x \in v \overset{\Box}{\leftrightarrow} x \in u \wedge \varphi(x))\right)$.

The set v satisfying $\forall x(x \in v \overset{\Box}{\leftrightarrow} x \in u \wedge \varphi(x))$ is denoted by $\{x \in u \mid \varphi(x)\}$.

GA8. Collection

$$\forall u \exists v \left(\forall x(x \in u \overset{\Box}{\to} \exists y \varphi(x,y)) \overset{\Box}{\to} \forall x(x \in u \overset{\Box}{\to} \exists y \overset{\Box}{\in} v \varphi(x,y))\right).$$

where $\exists y \overset{\Box}{\in} v\varphi(x,y)) \overset{\text{def}}{\iff} \exists y\big(\Box(y \in v) \wedge \varphi(x,y)\big)$

GA9. $\in$-induction $\forall x \left(\forall y(y \in x \overset{\Box}{\to} \varphi(y)) \overset{\Box}{\to} \varphi(x)\right) \overset{\Box}{\to} \forall x \varphi(x)$.

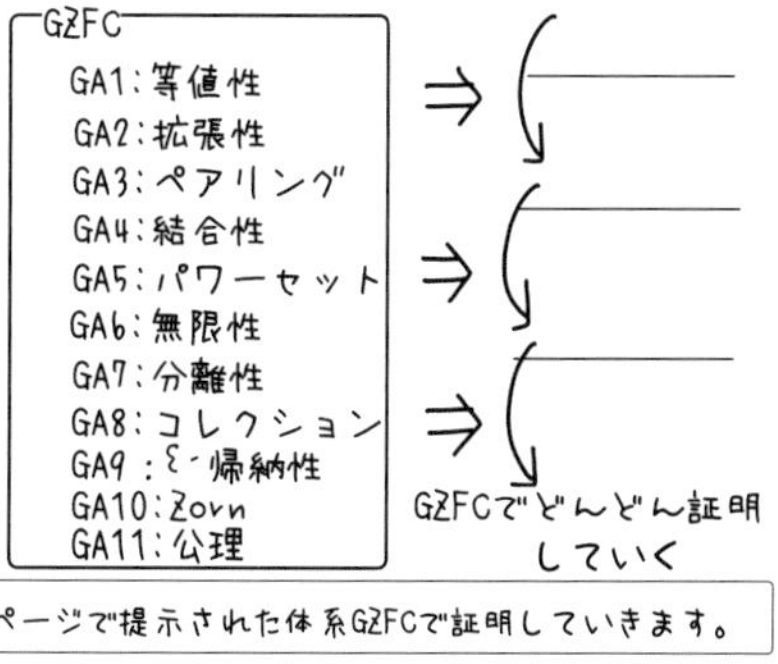

GA10. Zorn $\mathrm{Gl}(u)\wedge\forall v\left(\mathrm{Chain}(v,u)\overset{\square}{\to}\bigcup v\in u\right)\overset{\square}{\to}\exists z\mathrm{Max}(z,u)$, where

$$\mathrm{Gl}(u)\overset{\mathrm{def}}{\iff}\forall x(x\in u\overset{\square}{\to}x\overset{\square}{\in}u),$$

$$\mathrm{Chain}(v,u)\overset{\mathrm{def}}{\iff}v\subset u\wedge\forall x,y(x,y\in v\to x\subset y\vee y\subset x),$$

$$\mathrm{Max}(z,u)\overset{\mathrm{def}}{\iff}z\in u\wedge\forall x(x\in u\wedge z\subset x\overset{\square}{\to}z=x).$$

GA11. Axiom of $\Diamond$ $\forall u\exists z\forall t(t\in z\overset{\square}{\leftrightarrow}\Diamond(t\in u))$.

The set z satisfying $\forall t(t\in z\overset{\square}{\leftrightarrow}\Diamond(t\in u))$ is denoted by $\Diamond u$.

3.3 束値世界 lattice valued universe $V^{\mathcal{L}}$

2値論理の世界 V は古典論理の世界であり、その中で、数学の対象が定義され、数学が展開される。$\mathcal{L}$ が V で定義された完備束（complete lattice）ならば、世界 V の中で $\mathcal{L}$ を真理値束とする束値世界 (lattice valued universe) $V^{\mathcal{L}}$ が構成される。束値世界における「集合」u は、既に定義された集合を定義域（domain）$\mathcal{D}u$ とする $\mathcal{L}$ 値特性関数 $u:\mathcal{D}u\to\mathcal{L}$ で表される。$\mathcal{L}$ 値世界 $V^{\mathcal{L}}$ は、$\mathcal{L}$ 値部分集合を積み重ねて構成される：

$$V_{\alpha}^{\mathcal{L}}=\{u\mid\exists\beta<\alpha(u:V_{\beta}^{\mathcal{L}}\to\mathcal{L})\}$$

$$V^{\mathcal{L}}=\bigcup_{\alpha\in\mathrm{On}}V_{\alpha}^{\mathcal{L}}$$

世界 V^L　束値世界 $\mathcal{L}$（真理値）

V_{α}^{L}　　u

Lは拡張された真理値です。束値の形をしています。

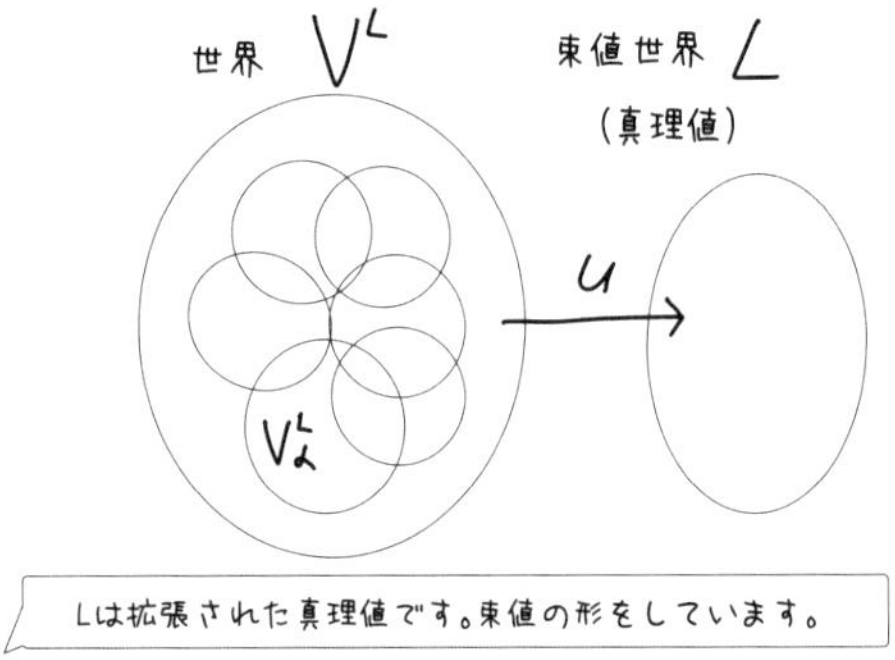

集合論の命題は、古典集合論と同様 $u \in v$ と $u = v$ の2つの型の命題から、論理演算 $\vee, \wedge, \overset{\square}{\to}, \exists, \forall$ を使って構成され, その真理値は次のように与えられる。

命題 φ の真理値は $\mathcal{L}$ の元であり、$[\![\varphi]\!]$ で表される。$u \in v$ と $u = v$ の真理値 は

$$[\![u \in v]\!] = \bigvee\nolimits_{x \in \mathcal{D}(u)} \left([\![x = u]\!] \wedge v(x)\right)$$

$$[\![u = v]\!] = \bigwedge\nolimits_{x \in \mathcal{D}(u)} \left(u(x) \overset{\square}{\to} [\![x \in v]\!]\right) \wedge \bigwedge\nolimits_{x \in \mathcal{D}(v)} \left(v(x) \overset{\square}{\to} [\![x \in u]\!]\right)$$

によって帰納的に決まり、論理演算は、$\mathcal{L}$ の上の演算として解釈される。

(1) $[\![\varphi \wedge \psi]\!] = [\![\varphi]\!] \wedge [\![\psi]\!] = \min\{[\![\varphi]\!], [\![\psi]\!]\}$

(2) $[\![\varphi \vee \psi]\!] = [\![\varphi]\!] \vee [\![\psi]\!] = \max\{[\![\varphi]\!], [\![\psi]\!]\}$

(3) $[\![\varphi \overset{\square}{\to} \psi]\!] = [\![\varphi]\!] \overset{\square}{\to} [\![\psi]\!] = \begin{cases} 1 & [\![\varphi]\!] \leq [\![\psi]\!] \text{ の時} \\ 0 & [\![\varphi]\!] \not\leq [\![\psi]\!] \text{ の時} \end{cases}$

(4) $[\![\neg\varphi]\!] = \neg[\![\varphi]\!] = \begin{cases} 1 & [\![\varphi]\!] = 0 \text{ の時} \\ 0 & [\![\varphi]\!] = 1 \text{ の時} \end{cases}$

(5) $[\![\forall x \varphi(x)]\!] = \bigwedge\{[\![\varphi(\alpha)]\!] \mid \alpha \in V^{\mathcal{L}}\}$

(6) $[\![\exists x \varphi(x)]\!] = \bigvee\{[\![\varphi(\alpha)]\!] \mid \alpha \in V^{\mathcal{L}}\}$

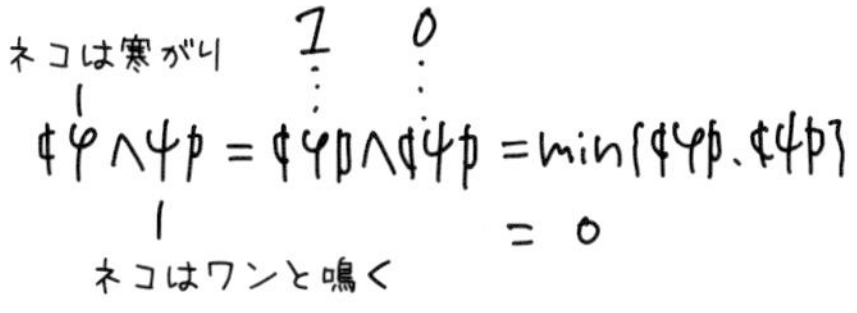

(1)を具体例にわかりやすく書いてみました。

[27]

数学の命題は、集合論の命題として表現され、$\mathcal{L}$ 値 universe $V^{\mathcal{L}}$ の中では、$\mathcal{L}$ 値の数学が展開される。

3.4 Check set

ブール束 **2** は、全ての完備束に、部分束として含まれるので、$V(=V^{\mathbf{2}})$ から $V^{\mathcal{L}}$ への埋め込み '$\check{}$' が定義される。

$$\check{}\,:V\to V^{\mathcal{L}}\quad(u\mapsto\check{u})$$

すなわち、$u\in V_{\alpha}$ の domain の各元 $t\in\mathcal{D}u$ に対して、$\check{t}$ が定義されているとき、$\check{u}$ を次のように定義する。

$$\mathcal{D}\check{u}=\{\check{t}\mid t\in\mathcal{D}u\}\qquad \check{u}(\check{t})=\begin{cases}1 & t\in u\\ 0 & t\notin u\end{cases}$$

$\check{u}$（$u\in V$）の形の $V^{\mathcal{L}}$ の元を **check set** といい、「$v\in V^{\mathcal{L}}$ が check set である」という命題を $\mathrm{ck}(v)$ と書く。

$$\mathrm{ck}(v)\iff \exists u\overset{\square}{\in}V(v=\check{u})$$

Check set の概念は、$V^{\mathcal{L}}$ の中で、$\overset{\square}{\in}$-recursion を用いて定義される。

$$\mathrm{ck}(x)\overset{\mathrm{def}}{\iff}\forall t\left(t\in x\overset{\square}{\leftrightarrow} t\overset{\square}{\in}x\wedge \mathrm{ck}(t)\right)$$

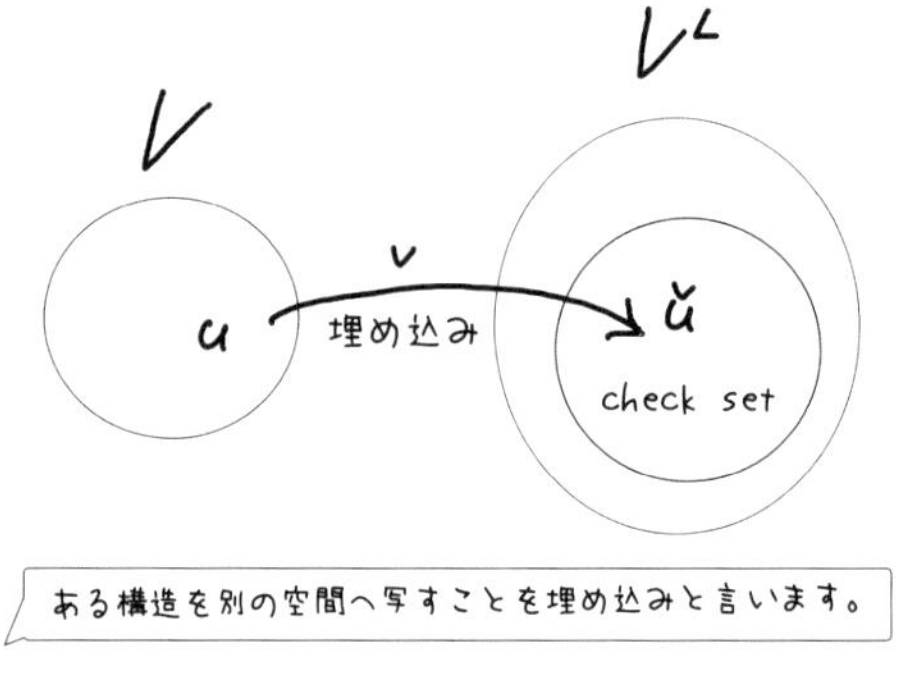

[28]

ここで $t \overset{\square}{\in} x$ は $\square(t \in x)$ の略。

Check sets 全体を W で表す。W は、外の世界 V と同型な、$V^{\mathcal{L}}$ の部分世界である。

$$x \in W \overset{\text{def}}{\iff} \exists t \in V(x = \check{t}).$$

$$x \in y \iff [\![\check{x} \in \check{y}]\!] = 1, \quad x = y \iff [\![\check{x} = \check{y}]\!] = 1$$

THEOREM 3.1. 束値集合論 LZFZ の中で定義された W は、次の意味で、古典集合論 ZFC の世界のモデルである。

すなわち、$\forall, \exists$ を W に制限した演算 $\forall^W, \exists^W$ とすると、

$$\forall^W x\varphi(x) \overset{\text{def}}{\iff} \forall x(\mathrm{ck}(x) \overset{\square}{\to} \varphi(x))$$

$$\exists^W x\varphi(x) \overset{\text{def}}{\iff} \exists x(\mathrm{ck}(x) \wedge \varphi(x))$$

となり、ZFC の公理の中で、$\forall$ と $\exists$ を $\forall^W$ と $\exists^W$ に書き換えた ZFC^W は LZFZ で証明可能である。

証明 Titani[14]

Check set の全体 W は、V^2 と同型であり、'ˇ' によって、W が $V^{\mathcal{L}}$ への埋め込まれる。即ち、$V^{\mathcal{L}}$ の中に、V が埋め込まれる。

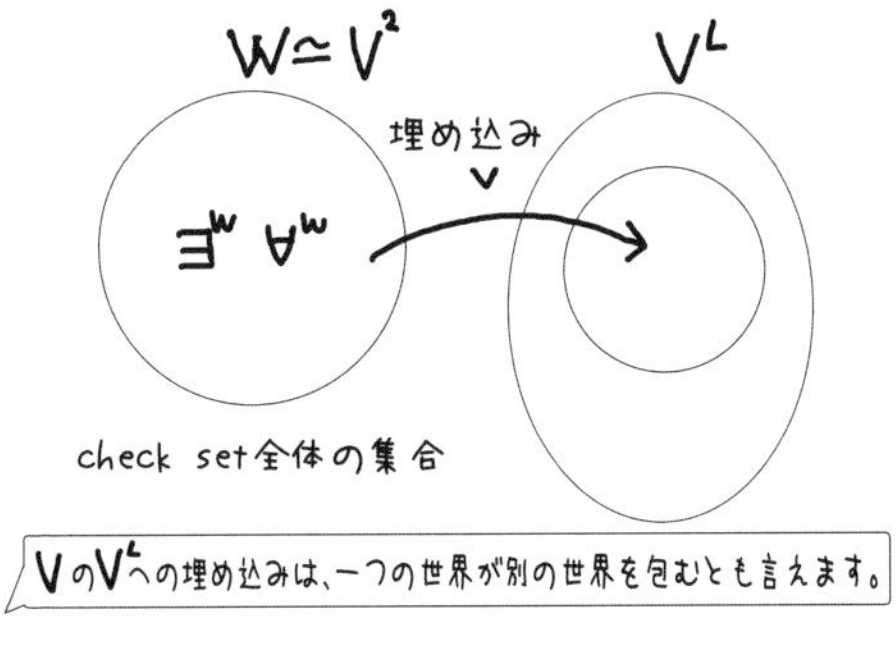

[29]

$$\check{\ }: u \mapsto \check{u} \qquad \mathcal{D}\check{u} = \{\check{t} \mid t \in u\} \qquad \check{u}(\check{t}) = \begin{cases} 1 & t \in u \\ 0 & t \notin u \end{cases}$$

従って、global set theory は、自身の metatheory を内蔵していると言える。

$V^{\mathcal{L}}$ の中には至るところに $\emptyset$ があり、$\emptyset$ を芽として V と同型な universe が作られる。

また、$V^{\mathcal{L}}$ の中で V と同型な check set の世界 W は、$V^{\mathcal{L}}$ の部分世界であり、同時に V の部分世界でもある。

4　数

数学の基本になる数の概念は、次のように構成される。

4.1　自然数

2値論理の世界は、空集合から、その部分集合全体、そのまた部分集合全体、$\cdots$ と順に積み上げて、そこにできた集合の全体 V をモデルとした。

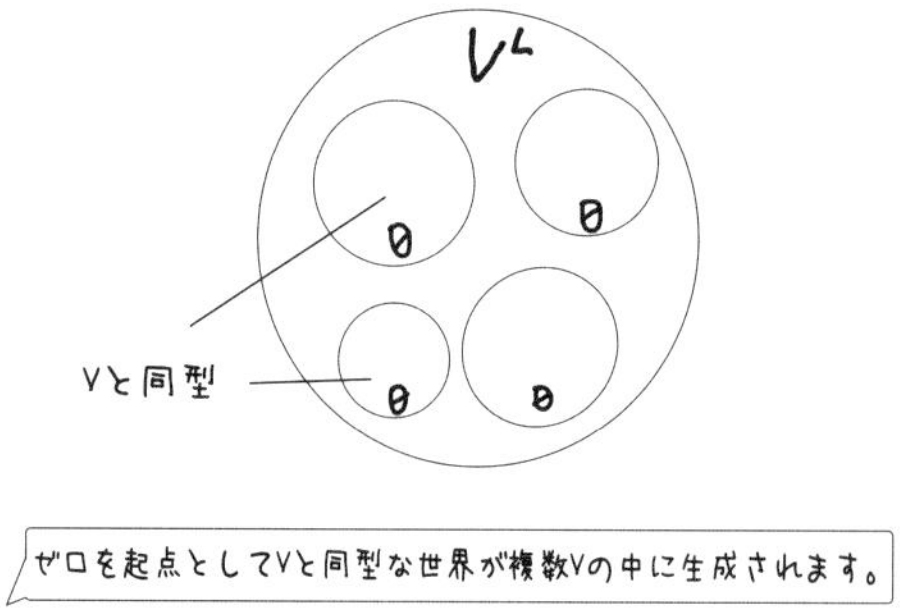
V^L
0
0
0
0
Vと同型
ゼロを起点としてVと同型な世界が複数Vの中に生成されます。

[30]

その中で、自然数の世界は、空集合を0とし、0だけからなる集合 $\{0\}$ を自然数1とし、0と1から成る集合 $\{0,1\}$ を自然数 2、$0,1,2$ から成る集合を 3 $\cdots$、とし、自然数 n が定義された時、集合 $n \cup \{n\}$ を自然数 $n+1$ とするという操作を続け、そこにできた自然数の全体を $\mathbb{N}$ とする。$n+1$ の中には、0 から n までの自然数が含まれている。自然数の存在は、広域集合論の公理から推論規則によって、次のように確かめられる。

(1) 0 の存在：Axiom 6 (Infinity) により、少なくとも一つの集合が存在する。これを u とする。GA 7 (Separation) により、

$$\exists v \forall x((x \in v) \overset{\square}{\leftrightarrow} \big((x \in u) \wedge \bot\big) \quad \text{i.e.} \quad \big(\forall x(x \in v) \overset{\square}{\leftrightarrow} \bot\big)$$

v は空集合 $\emptyset$ を表す。

$$\vdash \forall x \neg(x \in \emptyset)$$

$\emptyset$ は check set.　$\because)\ \forall t(t \in \emptyset \ \leftrightarrow (t \in \emptyset) \wedge \mathrm{ck}(t))$.

$\emptyset$ を自然数 0 とする。

(2) 1 の存在：GA3 pairing により $\{0,0\}$ が存在する。これは 0 のみから成る集合であり、これを自然数 1 とする。

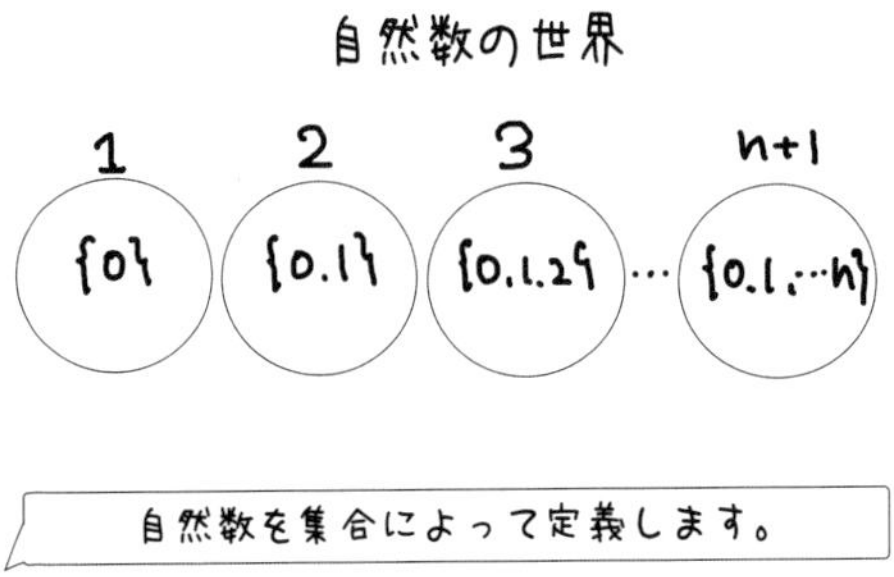

[31]

(3) x が check set ならば 集合 $\{t \in x \mid \Box\varphi(t)\}$ も check set である。

$$
\begin{aligned}
\because)\quad & \mathrm{ck}(x) \wedge \big(u = \{t \in x \mid \Box\varphi(t)\big) \wedge t \in u \\
& \Longrightarrow \mathrm{ck}(t) \wedge (t \overset{\Box}{\in} x) \wedge \Box\varphi(t) \\
& \Longrightarrow \mathrm{ck}(t) \wedge (t \overset{\Box}{\in} u) \\
& \therefore\ \mathrm{ck}(u)
\end{aligned}
$$

pairing の定義から, $0 \in 1 \Leftrightarrow 0 = 0$ となって、1 は check set である。

(4) $S(n) = n \cup \{n\}$ とすると、$\mathrm{ck}(n) \overset{\Box}{\to} \mathrm{ck}(S(n))$
$\because)\ \mathrm{ck}(n) \wedge (m \in n \vee m = n) \overset{\Box}{\to} m \overset{\Box}{\in} S(n)$

$1 = \{0\}, 2 = 1 \cup \{1\}, 3 = 2 \cup \{2\} \cdots, n, S(n) = n \cup \{n\} \cdots$ とすると 0 と S を基本概念として自然数 0, 1, 2, 3, …… が定義され、全て check set である。

$$0,\ S(0),\ S(S(0)),\ S(S(S(0))),\ \cdots\cdots$$

公理 GA6(Infinity) を用いて、自然数全体の集合 ℕ の存在が保証される。

$$\mathbb{N} \overset{\mathrm{def}}{=} \{n \mid n = 0 \vee \exists m \in \mathbb{N}(m = S(m))\}$$

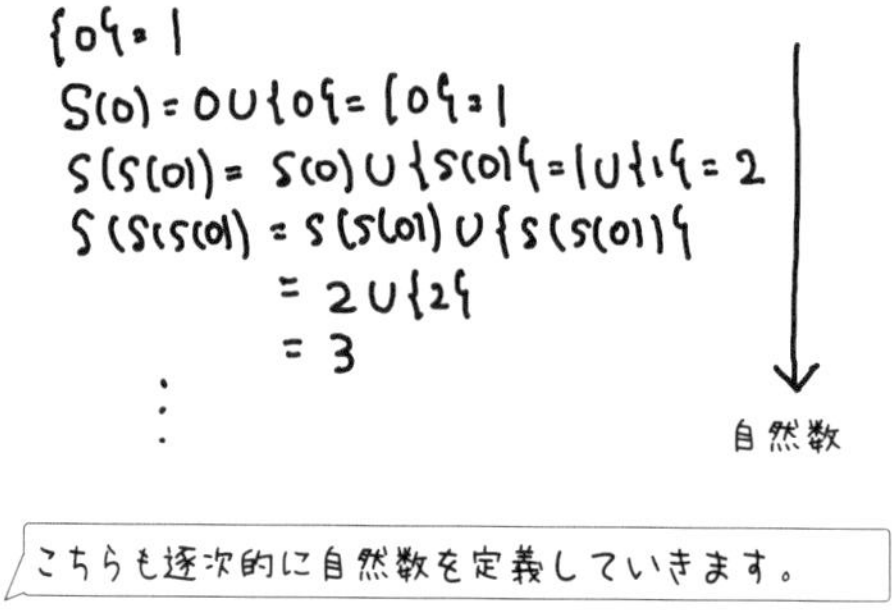

{0}=1
S(0)=0∪{0}={0}=1
S(S(0))= S(0)∪{S(0)}=1∪{1}=2
S(S(S(0)))=S(S(0))∪{S(S(0))}
=2∪{2}
=3
自然数
こちらも逐次的に自然数を定義していきます。

check set から、□-closed formula で定義される 集合は check set であるから、$\mathbb{N}$ 自身も check set である。

W (check set 全体) は V と同型であり、 自然数全体 $\mathbb{N}$ は W の元である。

G.Peano (1858-1932) は,

$$0 \text{ と } S$$

を基本概念とし，次のペアノの公理と呼ばれている５つの公理によって，「$\cdots$」なしに，自然数全体の集合 $\mathbf{N}$ を表現した。

ペアノの公理

P1 $0 \in \mathbf{N}$.

P2 $x \in \mathbf{N}$ ならば， $S(x) \in \mathbf{N}$.

P3 $S(x) = S(y)$ ならば， $x = y$.

P4 $x \in \mathbf{N}$ ならば， $S(x) \neq 0$.

P5 集合 M が２条件

「$0 \in M$」 および 「$x \in M$ ならば $S(x) \in M$」

を満足しているならば $\mathbf{N}$ は M の部分集合である.

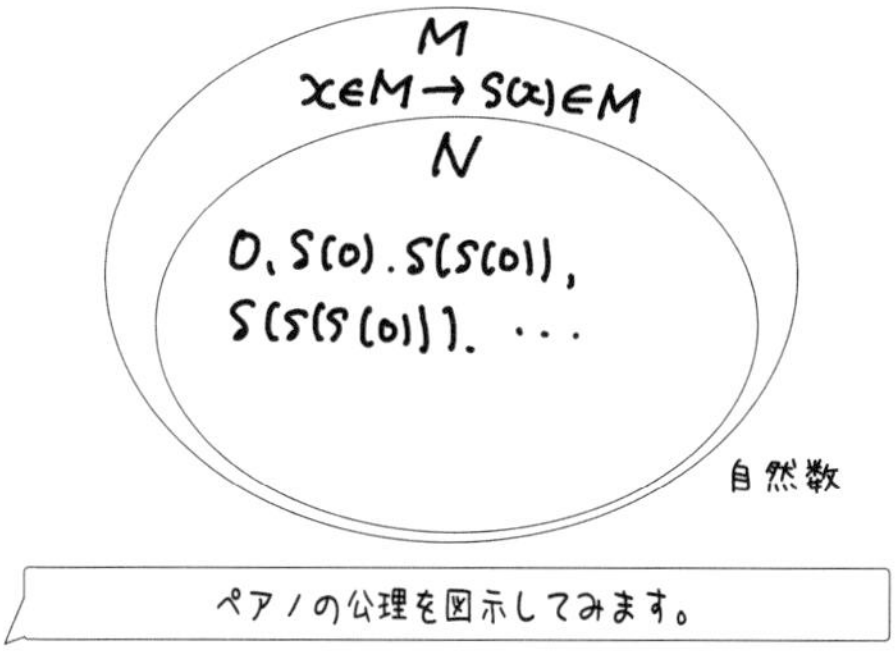

ペアノの公理は GZFC の中で証明できる。

自然数の和と積は次のように帰納的に定義される（cf. Titani[13]）。

DEFINITION 4.1 (和の定義).

$$\begin{cases} 0 + b = b \\ S(a) + b = S(a + b) \end{cases} \tag{4.1}$$

DEFINITION 4.2 (積の定義).

$$\begin{cases} 0 \cdot b = 0 \\ S(a) \cdot b = a \cdot b + b \end{cases} \tag{4.2}$$

Peano の公理から、自然数の和と積の交換法則 および 結合法則、分配法則 さらに 簡約法則などが証明される（cf. Titani[13], [14]）。

4.2　同値関係

整数、有理数を定義する前に、「関係」、「同値類」の概念を定義する。x, y に対して、

$$\vdash x = x' \land y = y' \iff \{\{x\}, \{x, y\}\} = \{\{x'\}, \{x', y'\}\}$$

これは同じだ、という関係はグループを分けてしまいます。

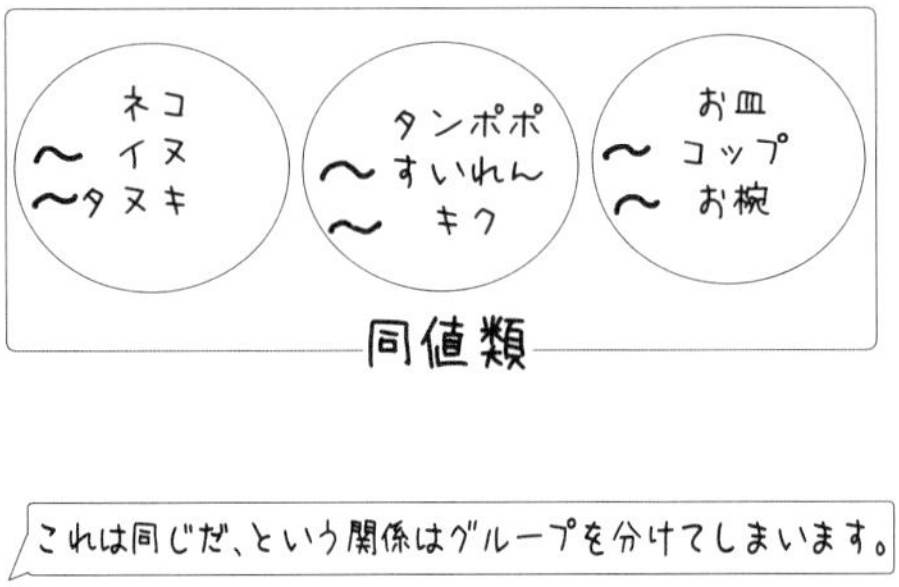

[34]

が成り立つので（cf. Titani[13], [14]）、集合 x, y の順序対 $\langle x, y\rangle$ を次の様に定義することができる。

$$\langle x, y\rangle \stackrel{\text{def}}{=} \{\{x\}, \{x, y\}\}$$

X の元の順序対全体を $X \times X$ と書く。

$$X \times X \ = \{\langle x, y\rangle \mid x, y \in X\}$$

集合 X の上の**関係** R は、X の元の順序対の集合として表される。

$$R\text{が関係} \stackrel{\text{def}}{\Longleftrightarrow} R \subset X \times X$$

$x, y \in R$ を xRy と書く。

自然数の間の順序関係 $\leq$ は

$$a \leq b \stackrel{\text{def}}{\Longleftrightarrow} \exists x \in \mathbb{N}(a + x = b)$$

によって定義される。この順序は全順序である。

関係 $\equiv$ が 反射律、対称律、推移律を満たす時、**同値関係** という。i.e.

$$\forall m(m \equiv m) \wedge \forall m, n(m \equiv n \to n \equiv m) \wedge \forall m, n, l(m \equiv n \wedge n \equiv l \to m \equiv l)$$

$\equiv$ が X の上の同値関係ならば、$x \in X$ と同値な元の集合を同値類といい、$|x|$ と書く。同値類の全体を、X の $\equiv$ に関する**商集合**といい、$X/\equiv$ と書く。

$$|x| = \{y \in X \mid y \equiv x\}, \quad X/\equiv \ = \{|x| \mid x \in X\}$$

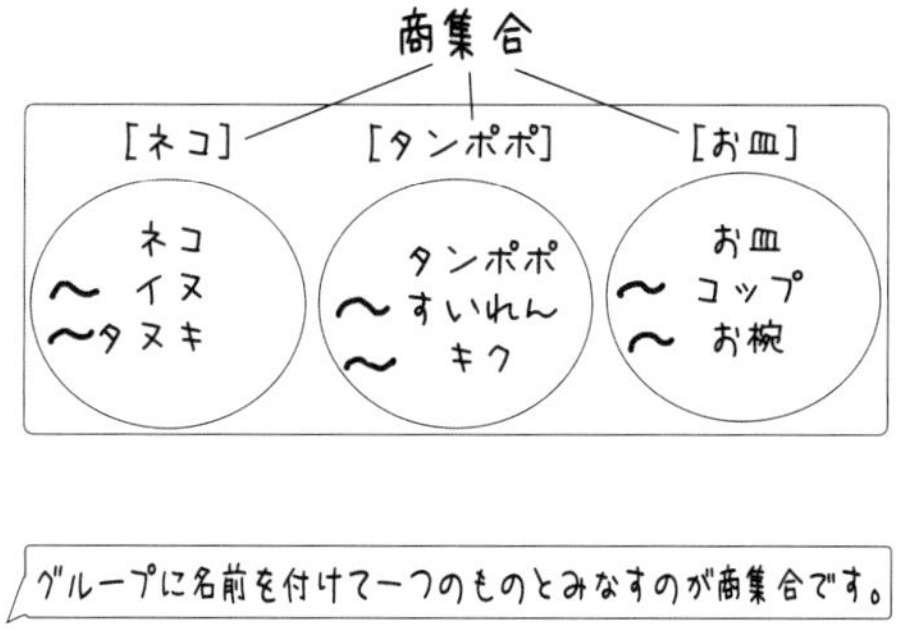

4.3 整数

自然数の順序対全体を $\mathbb{N}\times\mathbb{N}$ と書く。$\langle m,n\rangle,\langle m',n'\rangle\in\mathbb{N}\times\mathbb{N}$ に対し、

$$\langle m,n\rangle\equiv\langle m',n'\rangle \overset{\text{def}}{\iff} m+n'=m'+n$$

とすると、$\equiv$ は同値関係で、その同値類を**整数**と定義する。整数全体を $\mathbb{Z}$ と書く。$\langle m,n\rangle$ は $m-n$ を表す。

check set から □-closed formula で定義される集合は check set であるから、check set である自然数の順序対は check set である。

自然数の順序対 $\langle m,n\rangle$, $\langle m',n'\rangle\in\mathbb{Z}\times\mathbb{Z}$ に対して、$\equiv$ を

$$\langle m,n\rangle\equiv\langle m',n'\rangle \overset{\text{def}}{\iff} m+n'=m'+n$$

で定義すると、$\equiv$ は同値関係である。a と同値な元 の全体、即ち 同値類を $|a|$ と書く。整数（intejer）は、自然数の順序対 $\langle m,n\rangle$ $(n\neq 0)$ の 同値類 $|\langle m,n\rangle|=\{\langle m',n'\rangle \mid \langle m',n'\rangle\equiv\langle m,n\rangle\}$ の全体である。

$$\mathbb{Z}=\{|\langle m,n\rangle| \;\mid m,n\in\mathbb{N}\}\ (=\ \mathbb{N}\times\mathbb{N}/\equiv)$$

同値類の定義に現れる formula は、□-closed であるから、整数 $\mathbb{Z}$ は check set である。さらに、整数 $\mathbb{Z}$ の順序は

$$\langle m,n\rangle\leq\langle m',n'\rangle \overset{\text{def}}{\iff} m+n'\leq n+m'$$

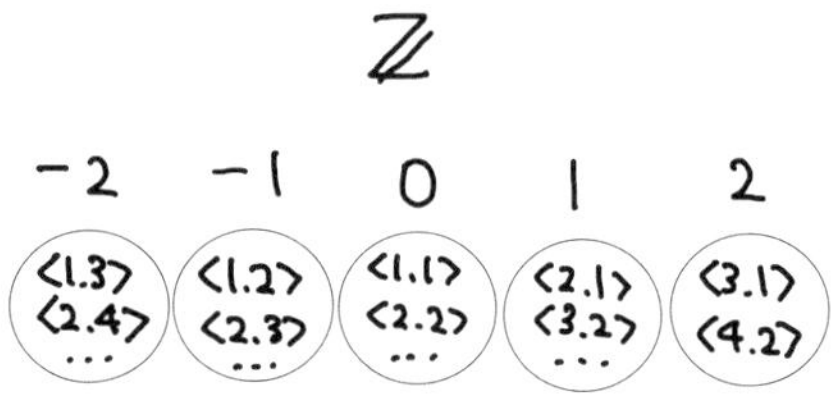

今度は自然数から整数を「構成」します。

[36]

によって定義され、この順序によって $\mathbb{Z}$ は全順序集合になる。これは $\mathbb{N}$ の順序の拡張になっている。整数の間の和と積が定義され、定義に現れる formula は □-closed である。

4.4 有理数

整数の順序対 $\langle x, y\rangle$, $\langle u, v\rangle$ に対し、

$$\langle x, y\rangle \equiv \langle u, v\rangle \overset{\text{def}}{\Longleftrightarrow} xv = yu$$

によって定義される $\equiv$ は整数の同値関係であり、その同値類を有理数と定義する。有理数全体を $\mathbb{Q}$ と表記する。有理数の定義に現れる formula も □-closed であるから、有理数 $\mathbb{Q}$ も check set である。証明は Titani[14].

有理数 $x = |\langle a, b\rangle|, y = |\langle c, d\rangle|$ の和 $x + y$、差 $x - y$、積 xy、商 x/y は次のように定義される。

$$x+y = |\langle ad+bc, bd\rangle|,\ \ x-y = |\langle ad-bc, bd\rangle|,\ xy = |\langle ac, bd\rangle|,\ \ x/y = |\langle ad, bc\rangle|$$

順序は　$x \geq y \overset{\text{def}}{\Longleftrightarrow} x - y \geq 0$　と定義すればよい。

この順序関係は、自然数、整数の順序関係の拡張である。$\mathbb{Q}$ は稠密 (dense) な全順序集合である。$\mathbb{Q}$ が稠密とは、$\forall x, y \in \mathbb{Q}\big(x < y \overset{\square}{\to} \exists z \in \mathbb{Q}(x < z < y)\big)$.

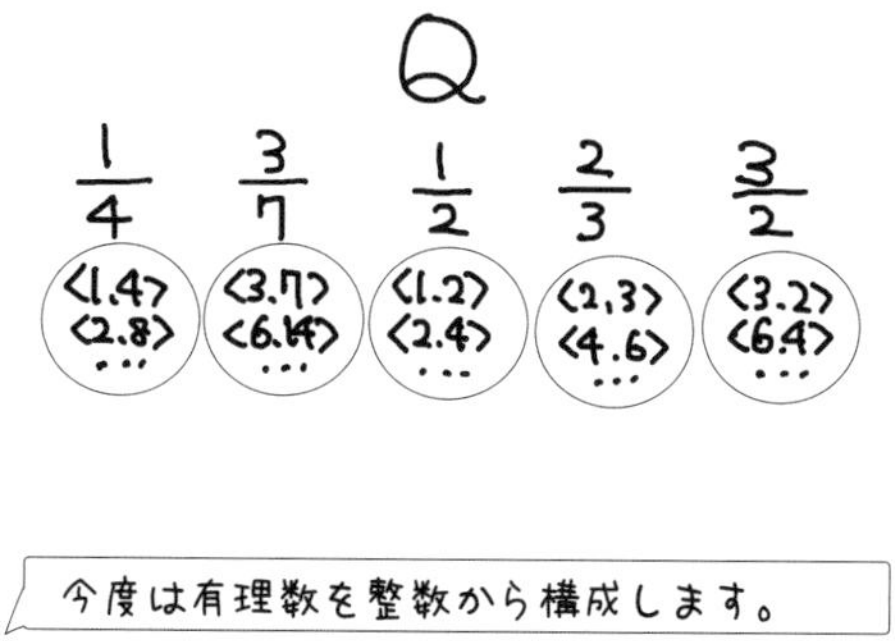

[37]

4.5　実数

自然数、整数、有理数は check set であり、**2** 以外の 束 $\mathcal{L}$ を真理値とする universe においても全く同様に定義され、同じ性質を持つ。しかし実数は check set にならない。実数の定義は、$\mathbb{Q}$ の部分集合を使うからである。$V^{\mathcal{L}}$ における集合 u の部分集合は、domain $\mathcal{D}u$ の各元に $\mathcal{L}$ の元を対応させる対応であって、$u(x)$ は $1, 0$ とは限らない。(cf. Titani[14])。

実数 u は，有理数全体 $\mathbb{Q}$ を上組 U_u と下組 L_u に分割する「Dedekind の切断」$\langle L_u, U_u\rangle$ で定義される。

$(D1)_u$　$U_u \subset \mathbb{Q}$，i.e. U_u は $\mathbb{Q}$ の部分集合

$(D2)_u$　$\exists x\in\mathbb{Q}(x\in U_u) \wedge \exists x\in\mathbb{Q}\neg(x\in U_u)$

$(D3)_u$　$\forall x\in\mathbb{Q}\big(x\in U_u \overset{\square}{\to} \forall y\in\mathbb{Q}(x<y \overset{\square}{\to} y\in U_u)\big)$

U_u に属さない有理数全体を下組とする。$L_u = \{x \mid x\in\mathbb{Q} \wedge \neg(x\in U_u)\}$

$$u = \langle L_u, U_u\rangle$$

$V^{\mathcal{L}}$ における実数 全体を $\mathbb{R}^{\mathcal{L}}$ と書く。

$$\mathbb{R}^{\mathcal{L}} \overset{\text{def}}{=} \{\langle L_u, U_u\rangle \mid (D1)_u \wedge (D2)_u \wedge (D3)_u \wedge (L_u = \mathbb{Q} - U_u)\}$$

$$\langle L_u, U_u\rangle \le \langle L_v, U_v\rangle \overset{\text{def}}{\Longleftrightarrow} L_u \subset L_v$$

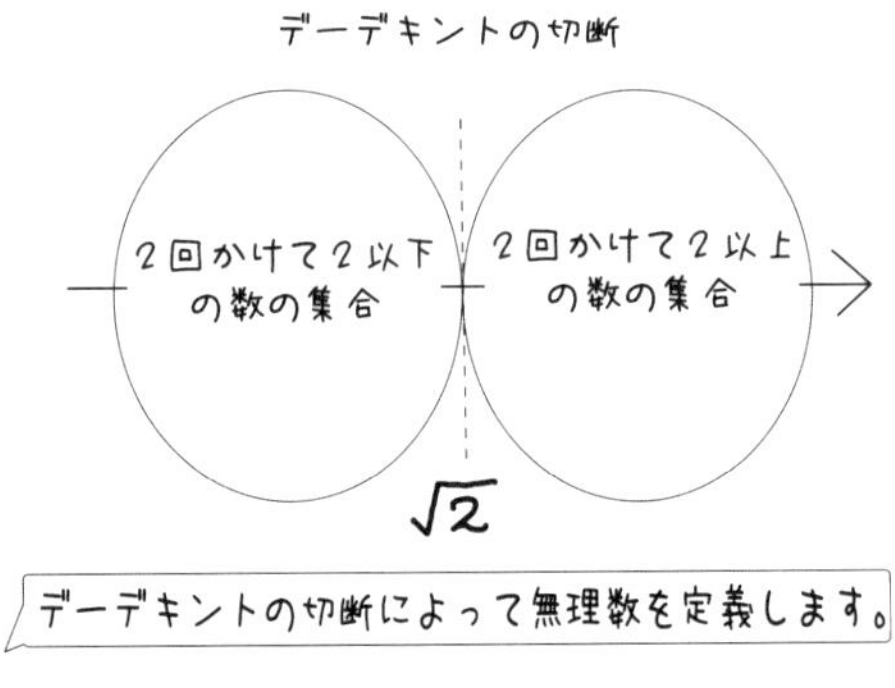

$u, v \in \mathbb{Q}$ に対し

$$\langle L_u, U_u \rangle + \langle L_v, U_v \rangle \stackrel{\text{def}}{=} \langle \mathbb{Q} - U_{u+v}, U_{u+v} \rangle$$

この加法について交換法則、結合法則が成り立つ。$u, v \geq 0$ のとき,

$$U_{u \cdot v} = \{x \cdot y \mid x \in U_v,\ y \in U_v\}, \quad L_{u \cdot v} = Q - U_{u \cdot v}.$$

u が有理数ならば、L_u の最大元を u とする実数が $\langle L_u, U_u \rangle$ で表される。よって、$\mathbb{Q}$ は $\mathbb{R}$ に埋め込まれる。

自然数 $\mathbb{N}$ は整数 $\mathbb{Z}$ に埋め込まれ、整数 $\mathbb{Z}$ は有理数 $\mathbb{Q}$ に埋め込まれ、$\mathbb{Q}$ は実数 $\mathbb{R}$ に埋め込まれた。さらに実数 $\mathbb{R}$ は複素数 $\mathbb{C}$ に埋め込まれる。即ち、複素数は、自然数、整数、有理数、実数の全てを包摂する。

数学は、公理から 順に定理が証明され、広域集合論の中で展開されることになる。

5　直観論理の世界

位相空間の開集合全体は、和集合 $\cup$ と共通部分 $\cap$ を作る演算に関して**束** $\mathcal{O}(X)$ である。$\mathcal{O}(X)$ は Heyting 束と呼ばれる束であり、直観論理の真理値束になる。古典論理の真理値束はブール束であり、 Heyting 束に排中律を加えた束である。

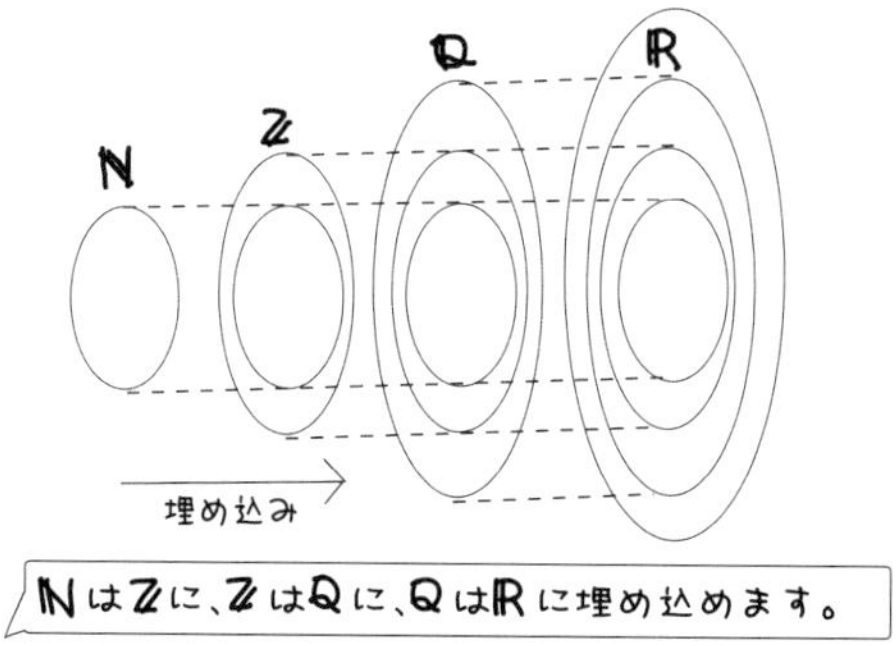

[39]

L.E.J.Brouwer(1881-1966) は、直観主義的集合論を支える直観論理を提唱した。

The untrustworthiness of the principles of logic

即ち、命題の絶対的妥当性を前提としない論理である。ここで、「命題は、真か偽のどちらか一方に決まること」を否定した。従って、直観論理は排中律（law of excluded the middle）を持たない。古典論理の規則から排中律を除いた論理を直観論理（intuitionistic logic）と名付けた。

直観論理は、命題 A が真であることを、「A を確認する方法を持っていること」と解釈する論理であり、直観論理の体系 LJ は、古典論理の体系に

sequent の右辺は１個または０個の formula の列に限る

という条件を加えることによって得られる。

古典論理の論理体系はブール束で表現された。一方、直観論理の体系は完備 Heyting 束（Heyting lattice）と呼ばれる完備束（complete lattice）で表現される。Heyting 束は、ブール束から排中律をを除いた束（lattice）であり、古典論理は直観論理の一部である。

Heyting 束は位相空間の開集合全体の代数構造を表す。

古典集合論の中では、数学的記述ができるので、古典集合論の universe

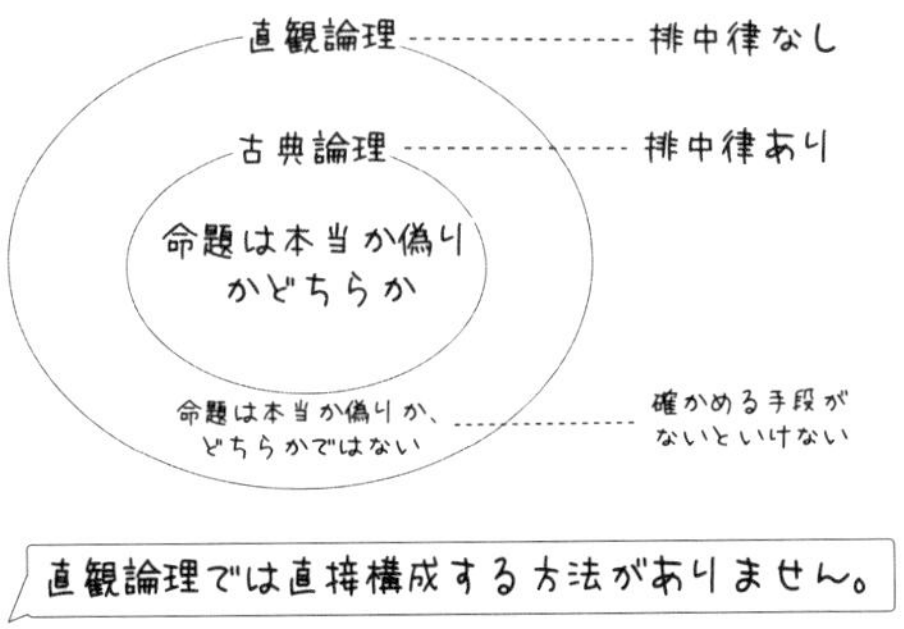

[40]

V の中では、位相空間 X の開集合全体 $\mathcal{O}(X)$ が定義される。$\mathcal{O}(X)$ は、V の中で構成される完備 Heyting 束である。

V の中で $\mathcal{O}(X)$ を真理値束とする inner universe (内部世界) $V^{\mathcal{O}(X)}$ を作ると、直観主義的集合論の世界になる。

内部世界 $V^{\mathcal{O}(X)}$ では、X の各点 x に 2 値世界 V_x^2 が対応し、$x \in X$ と共に 2 値世界が連続的に変化する。すなわち、内部世界は層の構造を持つ。層は次のように $V^{\mathcal{O}(X)}$ の対称性を表す構造である。

5.1 層

層（Sheaf）は、位相空間 X の上の連続関数の族の構造を表す。

Definition 5.1. X は位相空間とし、その開集合全体を $\mathcal{O}(X)$ とする。

F は $\mathcal{O}(X)$ の元に集合が対応する関数とする。$U \subset V$ なる開集合 $U, V \in \mathcal{O}(X)$ に対し、制限を表す写像 $r_{U,V} : F(V) \to F(U)$ が定義されて、次の条件を満たすとき、$\langle F, r\rangle$ を X **の上の層**（*sheaf of real numbers over* X）という。

(1) $F(\emptyset) = 0, \quad r_{U,U} = 1$ *(identity)*,

(2) $U, V, W \in \mathcal{O}(X)$ 且つ $U \subset V \subset W$ ならば、$r_{U,W} = r_{U,V} \circ r_{V,W}$.

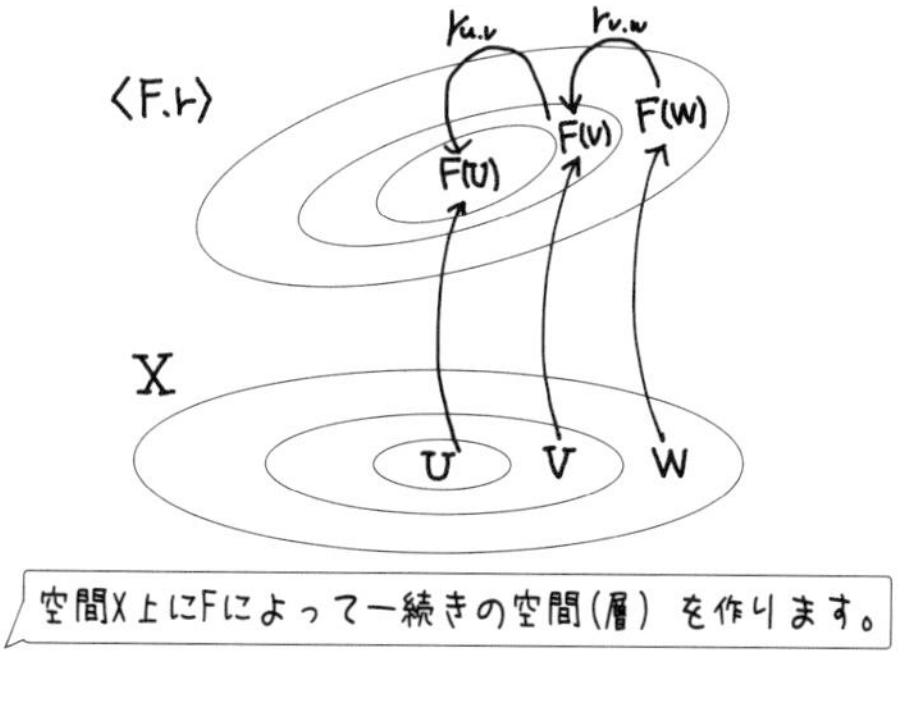

⟨F.r⟩
r u.v
r v.w
F(U)
F(V)
F(W)
X
U
V
W
空間X上にFによって一続きの空間(層)を作ります。

(3) $U \in \mathcal{O}(X)$, $\{U_i\}_{i\in I} \subset \mathcal{O}(X)$ 且つ $U = \bigcup_i U_i$ さらに

$$\forall i\big(f_i \in F(U_i)\big) \ \wedge \ \forall i,j \in I\big(r_{U_i\cap U_j, U_i}(f_i) = r_{U_i\cap U_j, U_j}(f_j)\big),$$

ならば、 $\forall i \in I\big(r_{U_i,U}(f) = f_i\big)$ となる $f \in F(U)$ がただ一つ存在する。

$x \in X$ の開近傍の集合に包含関係と逆の順序を入れて得られる有向集合を $\mathfrak{R}_x$ とすれば、$U \in \mathfrak{R}_x$ に対し $F(U)$ は機能系をなす。その機能系極限を $F(x)$ とする。 $F(x)$ を F の x 上の茎（stalk）という。

$$F(x) = \varinjlim_{x\in U} F(U)$$

$\prod_{x\in X} F(x)$ を層空間として $\langle F, r\rangle$ と同型な層が得られる。

内部世界 $V^{\mathcal{O}(X)}$ で、$F(x)$ は 2 値世界 V_x^2 を表す。

5.2 $V^{\mathcal{O}(X)}$ における実数

直観主義的集合論における実数 u は、古典集合論、束値集合論におけると同様、上組と下組の組 $\langle L_u, U_u\rangle$ で定義される。

真理値束が $\mathcal{O}(X)$ である世界 $V^{\mathcal{O}(X)}$ の中で定義される実数全体の集合を $\mathbb{R}^{\mathcal{O}(X)}$ と書く。

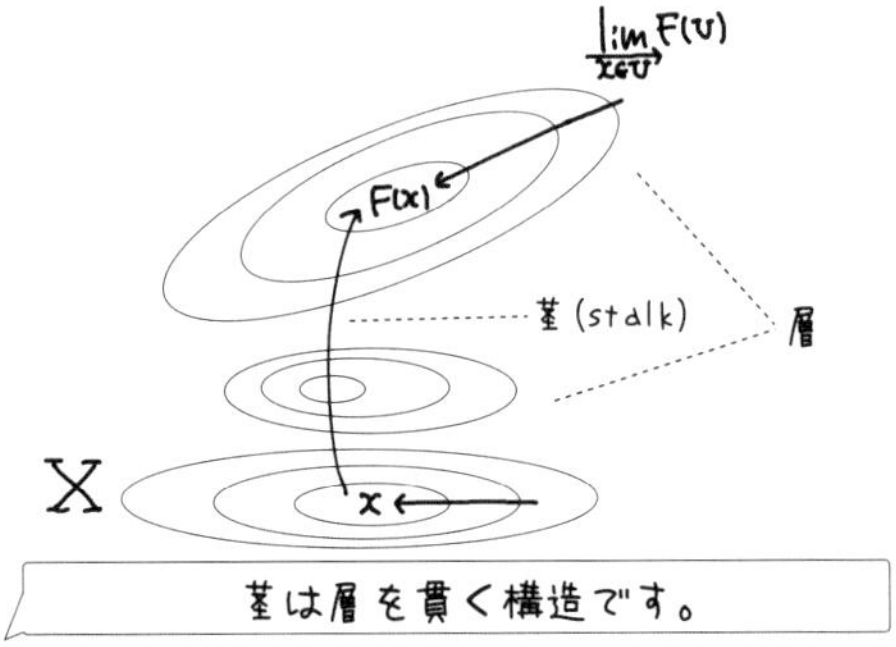

[42]

「u は実数である」という命題の真理値 $[\![u$ は実数である$]\!]$ は X の開集合であり、これを X_u と書く。

$$X_u = [\![u \in \mathbb{R}^{\mathcal{O}(X)}]\!] \in \mathcal{O}(X)$$

実数 $u = \langle L_u, U_u \rangle \in \mathbb{R}^{\mathcal{O}(X)}$ に対し、有理数 $\check{r} \in \mathbb{Q}$ が u より大きいとは、$\check{r}$ が u の上組 U_u に属することである。有理数 $r, s \in \mathbb{Q}$ に対し、

$$r \leq s \quad \text{ならば} \quad [\![\check{r} \in U_u]\!] \subset [\![\check{s} \in U_u]\!]$$

が成り立つ。$x \in [\![\check{r} \in U_u]\!]$ となる r の下限を $f_u(x)$ とする：

$$f_u(x) \stackrel{\text{def}}{=} \inf\{r \in Q \mid x \in [\![\check{r} \in U_u]\!]\}$$

$f(x)$ は実数であり、$x \in X_u$ に $f_u(x)$ を対応させる関数を f_u とすると、f_u は、X_u の上の実数値連続関数になる。

すなわち、$V^{\mathcal{O}(X)}$ における実数$u \in \mathbb{R}^{\mathcal{O}(X)}$ は、外の universe V から見ると、実数値連続関数である。同様にして、$V^{\mathcal{O}(X)}$ における複素数$u \in \mathbb{C}^{\mathcal{O}(X)}$ は、外の universe V から見ると、複素数値連続関数である。

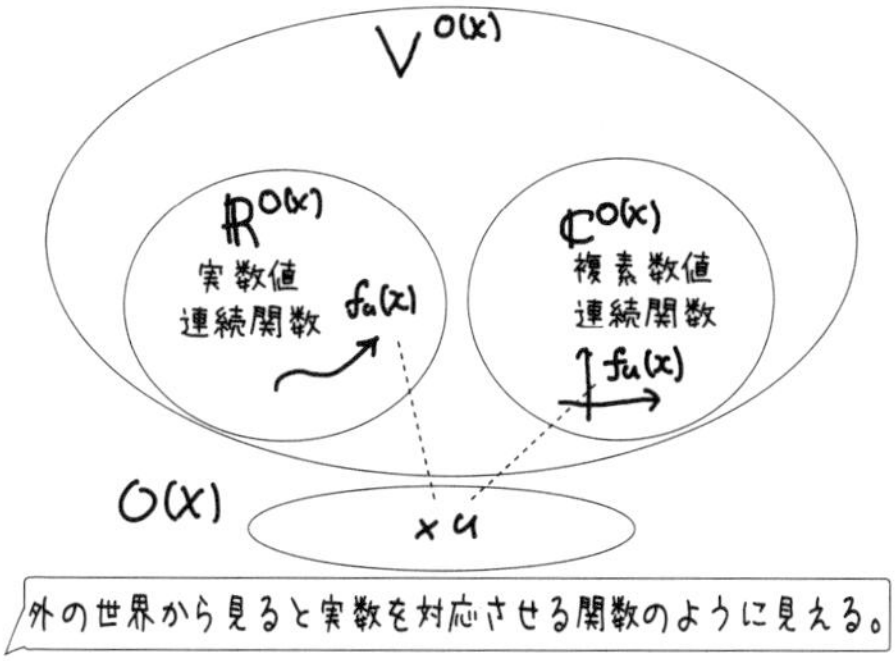

5.3 実数の層

$V^{\mathcal{O}(X)}$ の中で定義される実数全体を $\mathbb{R}^{\mathcal{O}(X)}$ とし、X_u は、「u が $\mathbb{R}^{\mathcal{O}(X)}$ に属する」ことの真理値とする：

$$X_u \stackrel{\text{def}}{=} [\![u = \langle L_u, U_u\rangle \in \mathbb{R}^{\mathcal{O}(X)}]\!]$$

「有理数 r が実数 u の上組に属する」の真理値 $[\![\check{r} \in U_u]\!]$ は、r とともに増加する。$x \in [\![\check{r} \in U_u]\!]$ となる r の下限は実数であり、これを $f_u(x)$ とした：

$$f_u(x) \stackrel{\text{def}}{=} \inf\{r \in Q \mid x \in [\![\check{r} \in U_u]\!]\}$$

$$F_x = \{f_u(x) \mid u \in \mathbb{R}^{\mathcal{O}(X)}\}$$

さらに、

$$F = \prod_{x \in X} F_x$$

$$F(U) = \{f_u(x) \in F_x \mid x \in U\}$$

$U \subset V$ なる $U, V \in \mathcal{O}(X)$ に対し、$r_{U,V}$ は、$F(V)$ の U 上への制限：

$$r_{U,V} : F(V) \to F(U), \quad F(U) = \{\langle x, f_u(x)\rangle \in F(V) \mid x \in U\}$$

とするとき、$\langle F, r\rangle$ は X の上の層であり、これを **実数の層** と呼ぶ。**茎 (stalk)** F_x は、実数の集合である。個々の実数 u は $x \in X_u$ に実数 $f_u(x)$

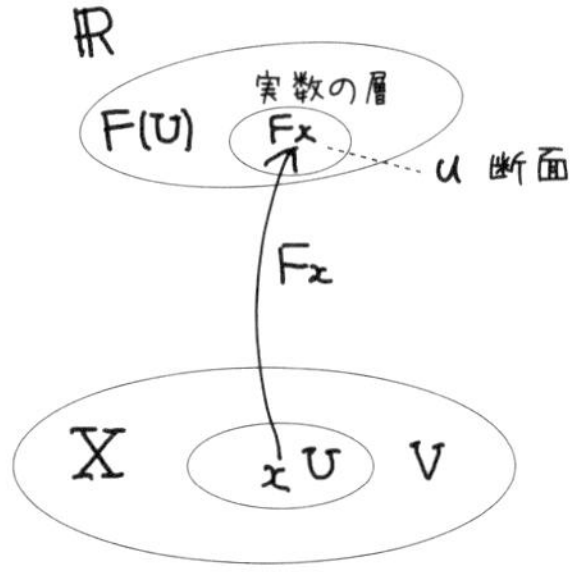

実数を層から定義します。

を対応させる、X_u 上の section(断面) と呼ばれる 実数値連続関数を表し、V における実数全体 $\mathbb{R}$ は、$V^{\mathcal{O}(X)}$ では実数の層を表す。

複素数についても同様である。check set である自然数、整数、有理数は定数関数を表す。

6 量子集合論

ミクロな対象を扱う量子力学の世界では、分配法則が成り立たない。この世界の論理を**量子論理**という。量子論理の世界、即ち量子世界は、分配法則を持たない 完備オーソモデュラー束を真理値束とする。Birkhoff, G and J.von Neumann [2] は、lattice の言語を用いて量子力学の記述を行った。

量子世界の状態（state）は、複素ヒルベルト空間の単位ベクトルによって表される。Hilbert 空間の projection の全体（またはその値域の全体）が作る完備オーソモデュラー束を表現する論理を **Hilbert 量子論理**と呼ぶ。

完備オーソモデュラー束というのは、直交補元を作る演算 $^{\perp}$ を持ち、次の条件を満たす完備束である。

(C1) $a^{\perp\perp} = a;$

(C2) $a \vee a^{\perp} = 1, \quad a \wedge a^{\perp} = 0;$

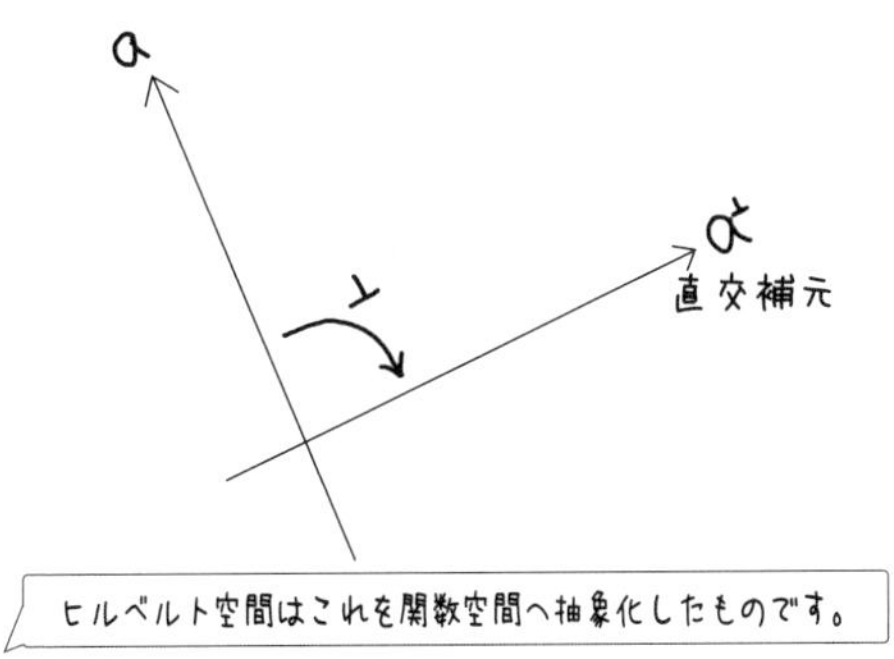
a
⊥
a⊥
直交補元
ヒルベルト空間はこれを関数空間へ抽象化したものです。

[45]

(**C3**) $a \le b \Longrightarrow b^{\perp} \le a^{\perp}$;

(**P**) $a \le b \Longrightarrow b = a \vee (b \wedge a^{\perp})$ (orthomodularity).

6.1 量子論理 quantum logic の形式体系

量子論理は完備オーソモデュラー束を真理値束とする論理であり、**量子集合論**は、広域集合論 global set theory の公理体系 (GZFC) から量子論理によって展開される。

量子論理は、束値論理の体系（p.16 ）に、論理演算 $^{\perp}$ を加え、更に、オーソモデュラー束の条件 (C1),—,(C3),(P) を表す次の論理規則を加えた論理体系で表される。

量子論理＝束値論理、⊥、オーソモジュラー束

量子集合論＝GZFC, 量子論理

量子論理の世界へこれまでの論理を拡張します。

$$(C1): \quad \frac{\varphi, \Gamma \Rightarrow \Delta}{\varphi^{\perp\perp}, \Gamma \Rightarrow \Delta} \qquad \frac{\Gamma \Rightarrow \Delta, \varphi}{\Gamma \Rightarrow \Delta, \varphi^{\perp\perp}}$$

$$(C2): \quad \frac{\Gamma \Rightarrow \overline{\Delta}, \varphi}{\varphi^{\perp}, \Gamma \Rightarrow \overline{\Delta}} \quad \frac{\Gamma \Rightarrow \Delta, \Box\varphi}{(\Box\varphi)^{\perp}, \Gamma \Rightarrow \Delta} \qquad \frac{\varphi, \overline{\Gamma} \Rightarrow \Delta}{\overline{\Gamma} \Rightarrow \Delta, \varphi^{\perp}} \quad \frac{\Box\varphi, \Gamma \Rightarrow \Delta}{\Gamma \Rightarrow \Delta, (\Box\varphi)^{\perp}}$$

$$(C3): \quad \frac{\varphi, \overline{\Gamma} \Rightarrow \overline{\Delta}, \psi}{\psi^{\perp}, \overline{\Gamma} \Rightarrow \Delta, \varphi^{\perp}}$$

$$(P): \quad \frac{\varphi, \overline{\Gamma} \Rightarrow \overline{\Delta}, \psi}{\psi, \overline{\Gamma} \Rightarrow \overline{\Delta}, \varphi \vee (\psi \wedge \varphi^{\perp})} \qquad \text{[Orthomodularity]}$$

7　Hilbert の量子集合論

H は n 次元 Hilbert space とする。H 上の projection 全体（または、その range である閉部分空間全体）は完備オーソモデュラー束であり、これをを $Q(H)$ と書く:

$$Q(H) = \{\text{closed subspaces (or projections) of } H\}$$

$Q(H)$ は、完備オーソモデュラー束の条件　(**C1**), (**C2**), (**C3**) と (**P**) を満たす。

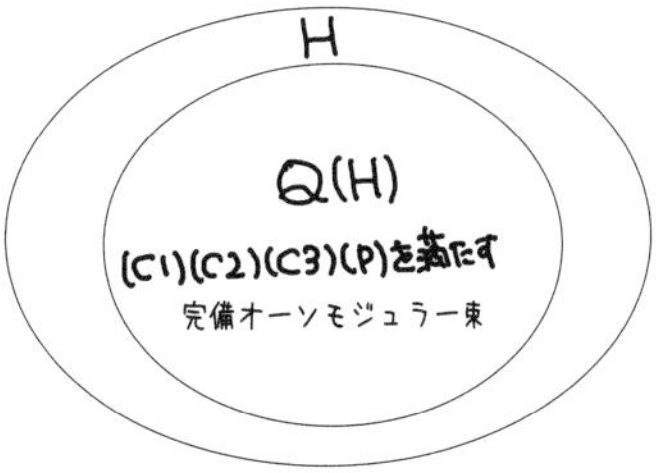

ヒルベルト空間の中で新しい論理的空間を構築します。

[47]

Definition 7.1. 直交作用素 $^{\perp}$ を持つ束が条件 $(C1), (C2), (C3)$ を満たすとき, **ortholattice** という。*Ortholattice* $\mathcal{L}$ の２元 p, q に対し、

$$p = (p \wedge q) \vee (p \wedge q^{\perp})$$

が成り立つ時、p, q は互いに **compatible 共立的（記号で** $p \lvert_{\circ} q$ **）**という。

$$p \lvert_{\circ} q \overset{\text{def}}{\Longleftrightarrow} p = (p \wedge q) \vee (p \wedge \neg q)$$

$$\text{集合 } B \text{ が } \textbf{compatible}\ \text{（共立的）} \overset{\text{def}}{\Longleftrightarrow} \forall p, q \in B (p \lvert_{\circ} q).$$

さらに、*ortholattice* $\mathcal{L}$ が次の条件を満たす時、**オーソモデュラー束**という。

$$p \leq q \Longleftrightarrow p \lvert_{\circ} q \quad \textit{for } p, q \in \mathcal{L}$$

オーソモデュラー束 $Q(H)$ の部分束は、全ての２元が共立的であれば、ブール束になる。

さらに、Hilbert 空間上の unitary operator に誘導される $Q(H)$ の automorphism 全体を $\mathcal{U}$ とする。ヒルベルト空間上の automorphism 全体 $\mathcal{U}$ と $Q(H)$ によって表現される量子論理を**ヒルベルト量子論理**と呼ぶ。

Hilbert 量子集合論の世界 $V^{Q(H)}$ は、真理値束 $\mathcal{L}$ として、オーソモデュラー束 $Q(H)$ をとる universe で、次の様に帰納的に構成される。

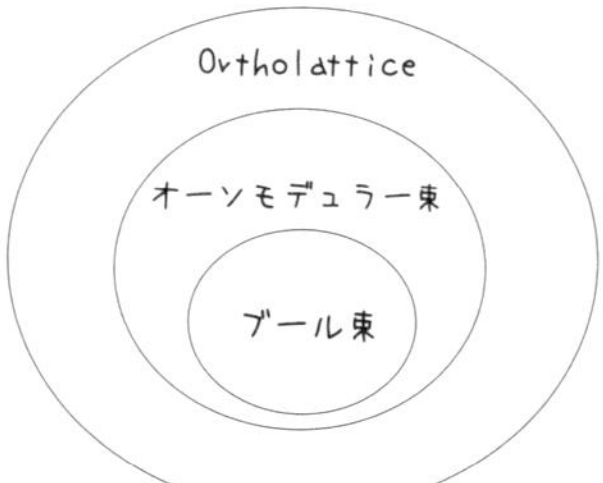

束(lattice)が古典(ブール束)から量子世界へと拡張されています。

$V^{Q(H)}$ を構成する集合は、$Q(H)$ の元を関数値とする特性関数で表される、すなわち、$V^{Q(H)}$ の元 u は、domain $\mathcal{D}u$ から $Q(H)$ への関数である。

$$\begin{aligned} V_\alpha^{Q(H)} &= \{u \mid \exists\beta<\alpha\,\exists\mathcal{D}u\subset V_\beta^{Q(H)}(u:\mathcal{D}u\to Q(H))\} \\ V^{Q(H)} &= \bigcup_{\alpha\in\mathrm{On}} V_\alpha^{Q(H)} \end{aligned}$$

7.1　$Q(H)$ の層表現

$Q(H)$ は、Hilbert 空間 H 上の projection 全体（またはその range である線形部分空間の全体）からなる 完備オーソモデュラー束である。

H の一つの正規直交基底 (orthomodular base) を固定して $\mathfrak{e}=\{e_1,\cdots e_n\}$ とする：

$$\mathfrak{e}=\{e_n \mid n\in N\},\qquad H=\{\Sigma_{n\in N}\,a_n e_n \mid \ a_n \text{ は複素数}\}$$

$\mathfrak{e}$ の部分集合によって張られる H の部分空間の全体 B は完備ブール束（complete Boolean lattice）である。

$$B=\{\{\Sigma_{n\in M}\,a_i e_i \mid a_n \text{ は複素数}\}\mid M\subset N\},\quad (\text{ N は自然数全体})$$

したがって、V^B はブール値世界, すなわち、古典集合論の世界である。

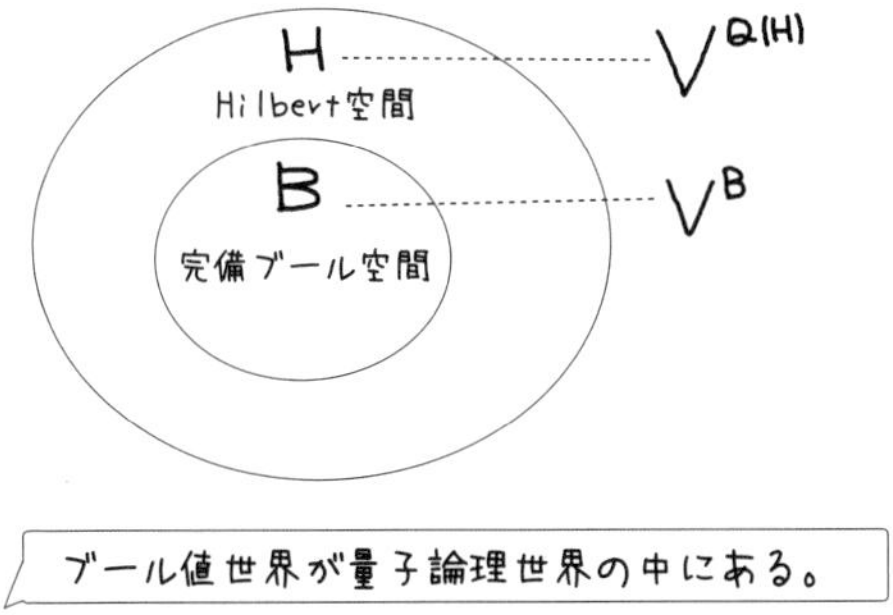

[49]

ヒルベルト空間 H の unitary operator σ は、H 上の同型写像であり、B は σ によって H 全体にわたって移動する。

各 $V^{\sigma(B)}$ は、V^B と同型な 古典集合論の universe である。故に、u が V^B で実数ならば、$\sigma(u)$ は $V^{\sigma(B)}$ における実数である。

$\mathcal{U}$ は automorphism 全体から成る topological space とし、$\mathcal{U}$ の open set 全体を $\mathcal{O}(\mathcal{U})$ とする：

$$\mathcal{U} : H \text{ の automorphism 全体から成る位相空間}$$

$$\mathcal{O}(\mathcal{U}) : \mathcal{U} \text{ の open set 全体}$$

$\mathcal{U}$ の各元 σ に対し、$\sigma(\mathfrak{e}) = \{\sigma e_n \mid n \in N\}$ も H の base であり、$\sigma(B)$ は B と同様 $Q(H)$ の部分ブール束である。

$$Q(H) = \bigvee\nolimits_{\sigma \in \mathcal{U}} \sigma(B), \quad \text{where} \;\; \sigma(B) \cong B$$

$\mathcal{U}$ の元 σ に、完備ブール束 $\sigma(B)$ $(= \{\sigma(x) \mid x \in B\})$ の元を対応させる連続関数 f の全体を F とする：

$$F \overset{\text{def}}{=} \{f : \mathcal{U} \to Q(H) \mid f(\sigma) \in \sigma(B)\}$$

さらに$\mathcal{U}$ の開集合 $U \in \mathcal{O}(\mathcal{U})$ に対し、U を domain とする $f \in F$ の全体を $F(U)$ とする：

$$F(U) = \{f \in F \mid f : U \to \bigvee_{\sigma \in U} \sigma(B), \text{ where } f(\sigma) \in \sigma(B)\}$$

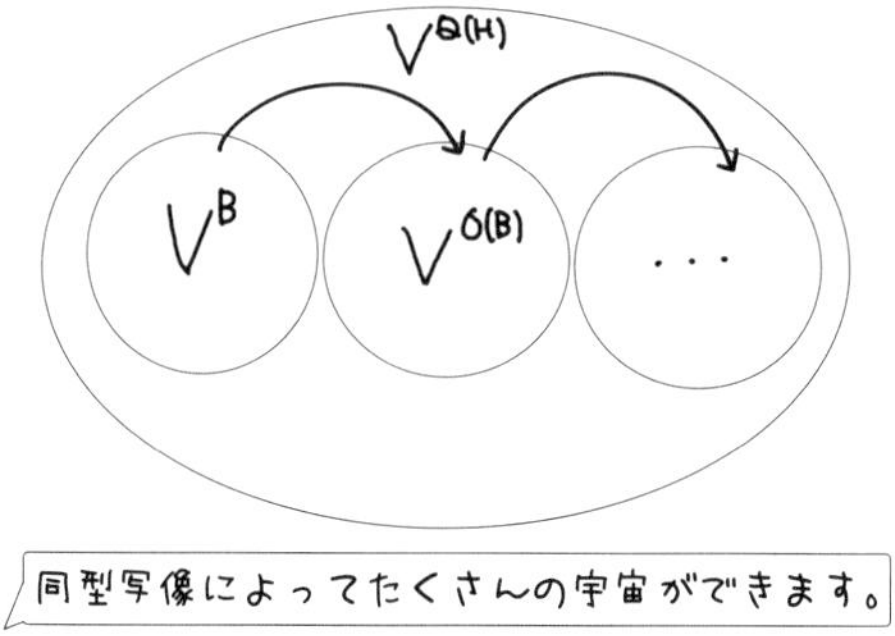

$V^{Q(H)}$
V^B
$V^{\sigma(B)}$
...
同型写像によってたくさんの宇宙ができます。

[50]

$U \subset V$ なる $U, V \in \mathcal{O}(\mathcal{U})$ に対し $r_{U,V}$ は、$F(V)$ の元の domain を U に制限する関数：

$$r_{U,V} : F(V) \to F(U) \ : \quad \forall x \in U(r_{U,V}(f(V))(x) = f(U)(x))$$

とすると、F と r は、$\mathcal{U}$ の上の層構造 **Sheaf of Boolean lattice over** $\mathcal{U}$（記号で $\mathrm{Sh}_{\,\mathcal{U}}B$）を表す：

$$\mathrm{Sh}_{\,\mathcal{U}}B = \langle F, r_{U,V} \rangle$$

即ち、$Q(H)$ は、完備ブール束の層の構造をもっている。

従って、$V^{Q(H)}$ は、$\mathcal{U}$ 上のブール値世界（即ち古典集合論の世界）V^B の層 $\mathrm{Sh}_{\,\mathcal{U}}V^B$ として表現される。

7.2　$V^{Q(H)}$ における実数

Universe $V^{Q(H)}$ では、量子論理に基づいた数学が展開される。

u は、universe $V^{Q(H)}$ における実数 $\langle L_u, U_u \rangle$ とする。

$$u = \langle L_u, U_u \rangle$$

有理数の性質：$\forall x, y \in \mathbb{Q}(x \leq y \vee y \leq x)$、 および

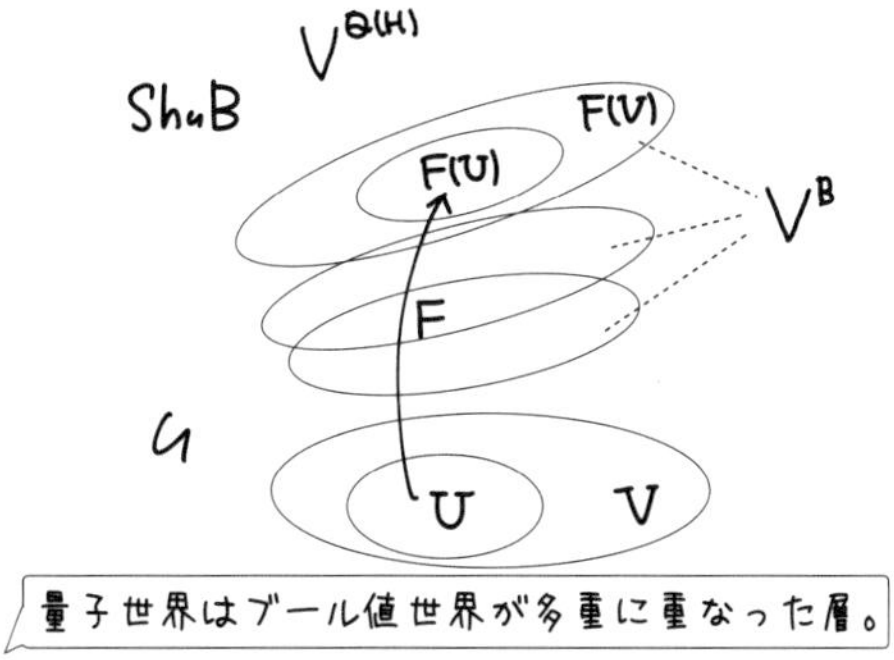

実数の定義： $[(D3)_u]$ $\quad \forall x\in\mathbb{Q}\big(x\in U_u \to \forall y\in\mathbb{Q}(x<y \ \to \ y\in U_u)\big)$
により、$x\leq y \Longrightarrow [\![x\in U_u]\!] \leq [\![y\in U_u]\!]$.
$\therefore \quad \{[\![x\in U_u]\!] \mid x\in\mathbb{Q}\}$ は全順序集合.
$\therefore \quad x\leq y \Longrightarrow [\![x\in U_u]\!]\downarrow_{\circ}[\![y\in U_u]\!]$
従って、 $\Sigma=\{[\![\check{r}\in U_u]\!] \mid r\in\mathbb{Q}\}$ は $Q(H)$ の compatible subset である。

$Q(H)$ の Σ を含む maximal compatible subset は complete Boolean algebra であり、これを B とする。

V^B は $V^{Q(H)}$ の sub-universe であり、 u は V^B の中でも実数である。V^B の中の実数 u は、 H 上の self-adjoint operator $\hat{u}$ を表す。以下 ^ を省略して $\hat{u}$ を単に u と書く。

H 上の各 unitary operator $\sigma\in\mathcal{U}$ には、$\sigma=e^{iA}$ となる self-adjoint operator A が存在し、

$$\sigma(B)=e^{iA}Be^{-iA}$$

とすると、$\sigma(B)$ も complete Boolean lattice であり、 $V^{\sigma(B)}$ は V^B と同型である。さらに、σ は V^B から $V^{\sigma(B)}$ への同型対応を誘導する。

同型対応 σ によって、$\sigma(u)$ は $V^{\sigma(B)}$ における実数になる。従って、V^B における実数 u は、$V^{\sigma(B)}$ では実数 $\sigma(u)$ となり、$V^{Q(H)}$ における実数 $u\in\mathbb{R}^{Q(H)}$ は、外の世界 V からみると、$\mathcal{U}$ の上の (self-adjoint operator)-値関数である。即ち、$V^{Q(H)}$ における実数全体は、$\mathcal{U}$ 上 の self-adjoint operator の層 の構造を持つことになる。

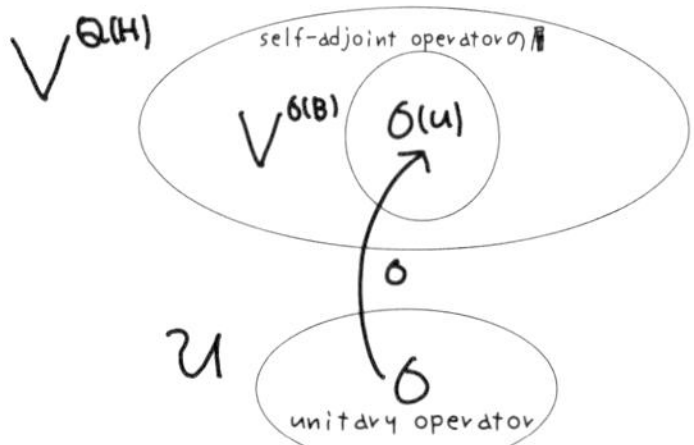

量子世界はσによって結ばれる複数の世界の層。

7.3 粒子と波動

光子は粒子であると同時に波動であるという。これを Hilbert 量子世界 $V^{Q(\mathcal{H})}$ の層表現の中で考える。

光子を Hilbert 量子世界 $V^{Q(\mathcal{H})}$ における実数 u とみる。$\{[\![\check{r} \in u]\!] \mid r \in \mathbb{Q}\}$ は全順序集合であり、これを含む maximal compatible subset を B とすると B は $Q(\mathcal{H})$ の部分完備ブール束である。したがって u は 古典集合論の世界である部分世界 V^B の中の実数でもある。

一方、$\mathcal{H}$ 上の unitary operator 全体を $\mathcal{U}$ とすると、$V^{Q(H)}$ は、$\{V^{\sigma(B)} \mid \sigma \in \mathcal{U}\}$ で覆われている。各 $\sigma \in \mathcal{U}$ は

$$\sigma = e^{-iAt} \quad (\ A\ \text{は自己共役作用素、}\ t\ \text{は時間})$$

と表される。すなわち、u は、t と共に変化する波である。

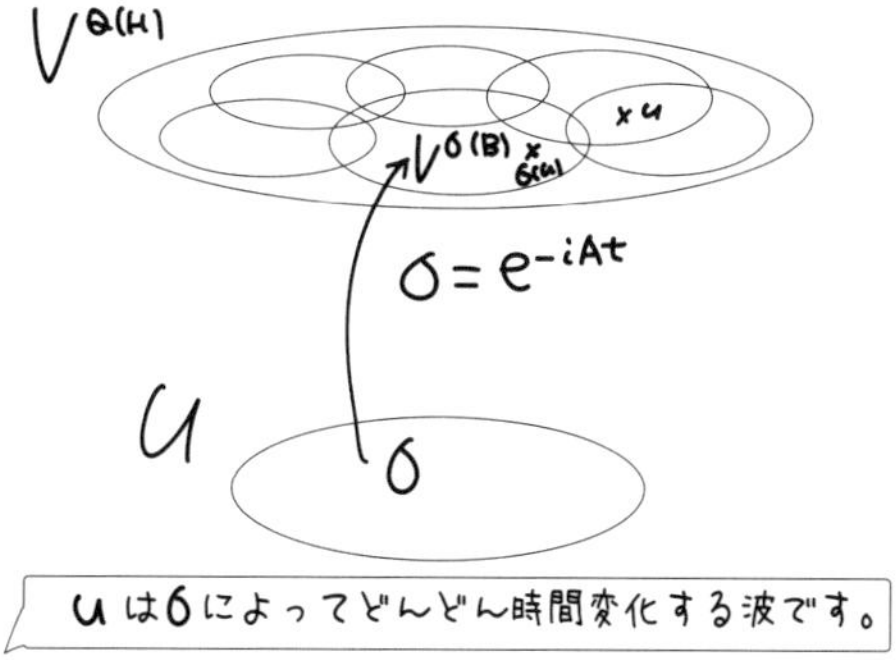

8　終わりに

世界 V の中には至るところに空集合 $\emptyset$ があり、$\emptyset$ を芽として V と同型な universe が作られた。これは、全てのものが全宇宙を秘めているという華厳経の「一即多」の思想に通じるのではないでしょうか。

Check set 全体 が作る W は、束値論理の世界 $V^{\mathcal{L}}$ の部分世界であり、同時に V の部分世界でもある。$V^{\mathcal{L}}$ の中に作られた V と同型な世界 W から見ると、$W^{\mathcal{L}}$ は $V^{\mathcal{L}}$ と同型な世界である。すなわち、W は、自分自身と同型な世界 V の部分世界であり、我々の世界は、幾重にも大きな世界に包まれているということになる。レンマ界はこれら全体を包摂する世界なのだろう。

実数は、自然数 $\mathbb{N}$、整数 $\mathbb{Z}$、有理数 $\mathbb{Q}$ を含み、実在を抽象する抽象概念である。更に、実数 $u = \langle L_u, U_u \rangle$ の L_u, U_u は限りなく近づく $a \in L_u$ と $b \in U_u$ を含み、a, b を端とする $\mathbb{Q}$ の区間 (a, b) は限りなく小さくなる。仏教でいう「刹那滅」である。この実数 $\langle L_u, U_u \rangle$ は、u における連続の概念を表す。

ミクロな対象を扱う量子力学は、ヒルベルト空間の射影作用素（projection）全体（または、その range である線形部分空間の全体）から成るオーソモデュラー束 $Q(H)$ を真理値束とする量子集合論の世界で記述された。

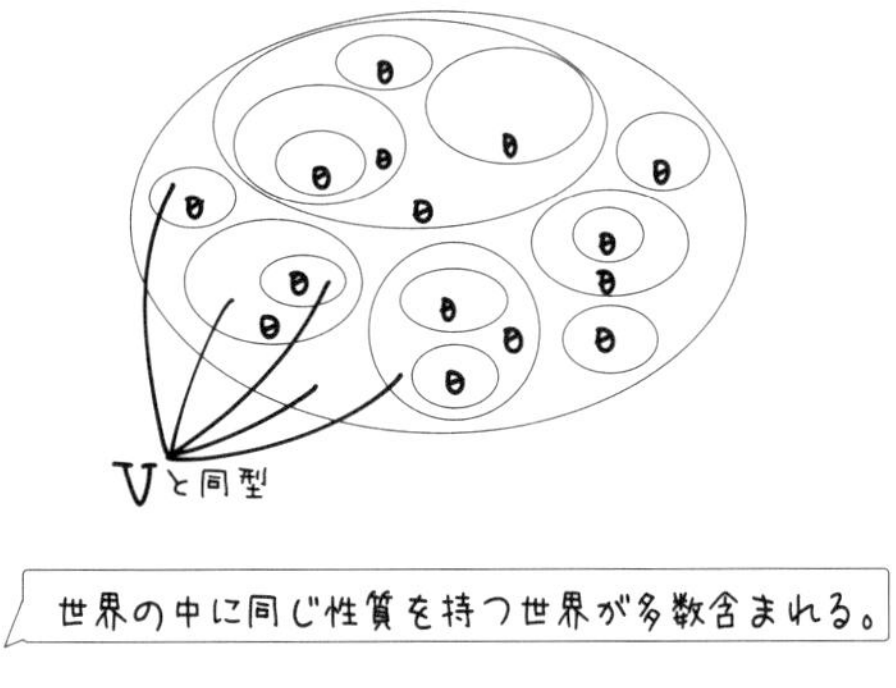
Vと同型
世界の中に同じ性質を持つ世界が多数含まれる。

$Q(H)$ は、ブール束の直和が作る「層」の構造を持っている。すなわち、$Q(H)$ の極大な部分ブール束 B が存在し、 H の automorphism 全体を位相空間と見て $\mathcal{U}$ とすると、$\mathcal{U}$ の各元 σ に対し $\sigma(B)$ は B と同型なブール束であり、$Q(H)$ は、$\mathcal{U}$ の元 σ にブール束 $\sigma(B)$ を対応させる、完備ブール束の層の構造を持つ。

Hilbert 量子集合論の世界は、オーソモデュラー束 $Q(H)$ を真理値束とする世界 $V^{Q(H)}$ である。u が $V^{Q(H)}$ における実数 とすると、 $V^{Q(H)}$ の部分ブール値世界 V^B の中でも u は実数であり、$\mathcal{U}$ の各元 σ に対し、$\sigma(B)$ は完備ブール束であり、ブール値世界 $V^{\sigma(B)}$ での実数 $\in \mathbb{R}^{\sigma(B)}$ は、外の世界 V での自己共役作用素を表す。

従って、$V^{Q(H)}$ における実数は、$\mathcal{U}$ の元 σ に $\sigma(\mathbb{R}^B)$ の元を対応させる断面（section）と呼ばれる連続関数

$$\sigma \mapsto \sigma(\hat{u})$$

で表され、実数全体 $\mathbb{R}^{Q(H)}$ は、外から見ると $\mathcal{U}$ 上の self-adjoint operator の層の構造 $\mathrm{Sh}_{\mathcal{U}}\mathbb{R}^B$ を持つ。

中沢新一著「レンマ学」によると、「中国華厳経では、その法界の内部に働いている構造（体性）と力（力用）を律している原理を「相即相入」の過程として精密に定義した。その代表作、法蔵の「華厳五教章」によると、法界縁起を作動させている諸法を、空間性である「体性」と力作用

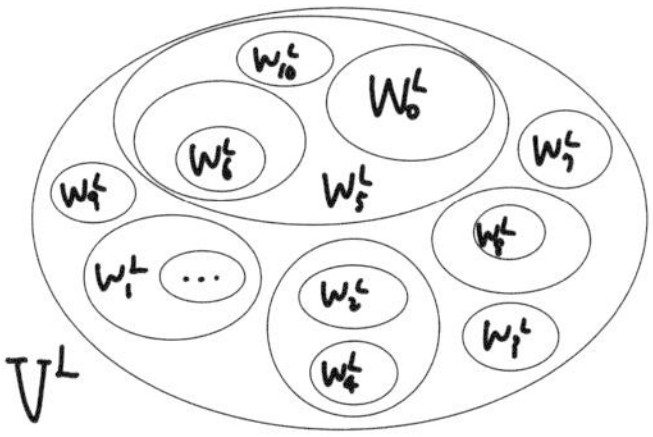

世界の中に世界があり、さらにその中に世界が…。

である「力用」の二つの面から、明らかにすることができる。法界にあるあらゆる事物が、体性の面から見れば、無自性（自分の本質というものを持たない）空に根を下ろし、そこから生起して個体性を持って、他の事物と縁起によってつながりあう。あらゆる事物が空から生起した有（存在）として、空有一体の同型を保っている。この構造原理によって、諸法は相互に自在につながりあうことになる。個体性が空に根ざしていることによって、個体性は個体同士の交通を妨げる要因とならないからである。こうして諸存在は相即することになる。

このとき顕在と潜在の違いが発生する。自が表面に出て有として顕在すると、他は空に沈んで裏面に隠れて潜在することになる。この関係はすぐに転じて、他が顕在し自が裏面に隠れて潜在となる。従って表面に現れている存在の裏面には、潜在している他の存在が隠れていることになり、孤立した個体はないことになる。自と他はこうしてこの面から見ても相即する。」

こうして見ると、２値世界が遍在し、morphism（射）で互いに繫がっている構造は、華厳経の法界の構造に酷似している。

世界 V は、古典論理の世界、直観主義的論理の世界、量子論理の世界などいろいろな世界を包み込みながら、一方では、これら各世界の中に check set の作る部分世界として収まっている（cf. p.29）。無数にある古典論理の世界 V は、互いに同型対応で通じ合っている。時間は同型対応

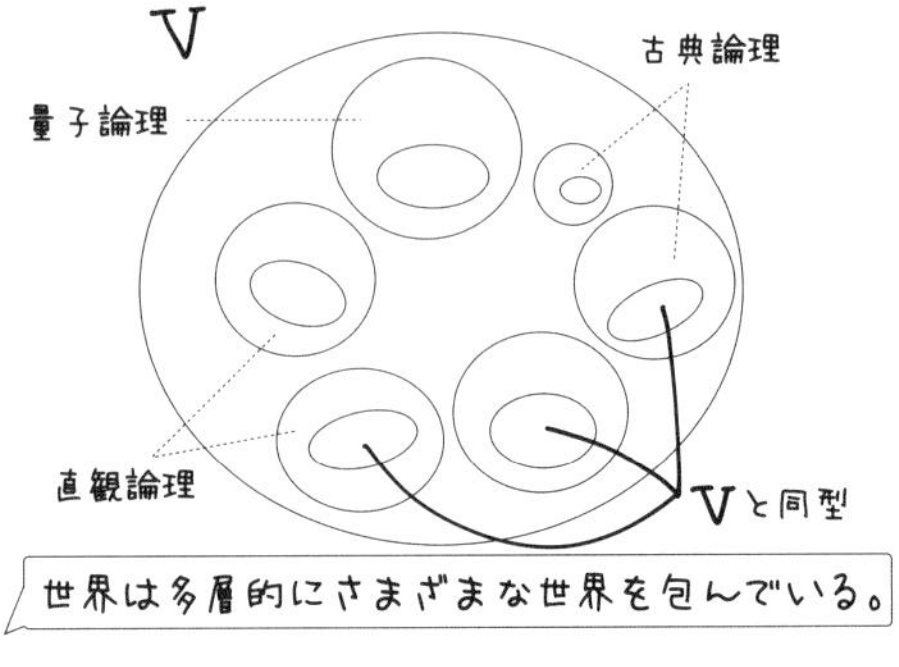
V
古典論理
量子論理
直観論理
Vと同型
世界は多層的にさまざまな世界を包んでいる。

σ の一つの factor なのだろう。

　V では、空集合が元を持たない集合として定義された。集合論の全ての対象は、空集合から生成される。即ち「数」など V の中で構成される全ての事物は、「空」から生成される抽象概念であり、実体はない。「色即是空」。

参考文献

[1] Birkhoff, G., 'Lattice Theory ', 3rd ed., *AMS* 1967.

[2] Birkhoff, G. and J.von Neumann, 'The logic of Quantum Mechanics', *Ann. Math.* 37:823-843, 1936.

[3] Gentzen, G., 'Untersuchungen über das logische Schliessen', *Mathematische Zeitschrift* 39:176-210, 405-431, 1934-5.

[4] Piron, C., *Foundations of Quantum Physics*, W.A. Benjamin, Inc., Massachusetts, 1976.

[5] Rasiowa,H. and Sikorski, R., The Mathematics of Metamathematics, Warszawa 1963

世界は響き合う空から出来た世界の集合であり階層構造。

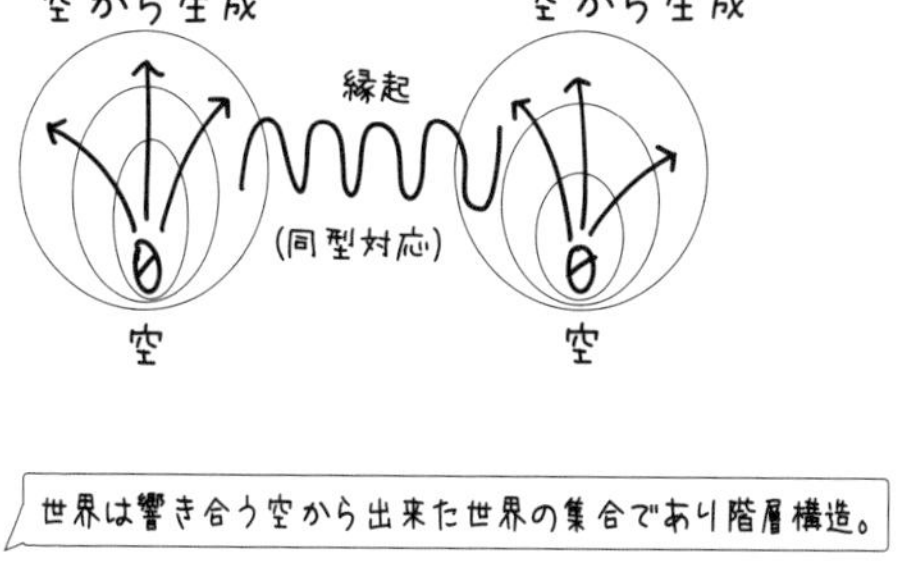

[6] M.Takano, Strong Completeness of Lattice Valued Logic, *Archive for Mathematical Logic* 41:497-505, 2002.

[7] G.Takeuti, Two Applications of Logic to Mathematics, Iwanami and Princeton University Press, Tokyo and Princeton (1978).

[8] G.Takeuti, Quantum Set Theory, Current Issues in Quantum Logic, eds. E.Beltrametti and B.C.van Frassen, Plenum,New York (1981) pp.303-322

[9] 竹内外史著, 線形代数と量子力学, 裳華房, 1981

[10] G.Takeuti and S.Titani, Globalization of intuitionistic set theory, Annals of Pure and Applied Logic 33(1987), pp. 195-211.

[11] S.Titani, Lattice Valued Set Theory, Archive for Mathematical Logic 38-6(1999) pp.395-421

[12] S.Titani, H.Kodera, H,Aoyama, The System of Quantum Logic, Studia Logica 101(1): 193-217 (2013)

[13] S.Titani, 人と論理と数学と

[14] S.Titani Global Set Theory, Society for Science and Education, United Kingdom (2018)

第4章

岡潔のレンマ的数学

——中沢新一

1

私は若い頃に、南方熊楠と岡潔という二人の紀州人から、大きな思想的影響を受けました。南方熊楠については『森のバロック』という大きな本を書きましたし、その後もことあるごとに熊楠の話をしてきました。『レンマ学』では、南方熊楠の華厳経についての考えをきっかけにして、そこから人文科学の新しい方法を取り出すという試みをおこないました。ところが岡潔については、まだまとまった話をしたことがありません。そこで今日は、岡潔が暮らしていた和歌山県橋本町にお招きいただいた機会を利用して、その思想について少しまとまった話をしてみたいと思います。ほんとうは「岡潔先生」とお呼びしたいのですが、講演の中では簡略に「岡潔」と敬称抜きでお呼びするのをお許しください。

岡潔の思想を考えてみるとき、私はそこに大きく分けて三つの領域があるように思います。一つは申すまでもなく数学の領域です。岡潔のおもな数学的業績は、多変数複素関数論という解析学の一分野であげられました。これは、二〇世紀の前半に開拓された比較的新しい分野で、いくつもの魅力的な難問題が提出されて、若い数学者たちの関心を引き寄せておりました。岡潔はパリ大学のガストン・ジュリア先生のもとで研究していたときに、この分野に自分の研究の照準を合わせる決心をしましたが、重要な飛躍は、戦争中にこの紀見峠に籠って孤独な研究を行っている最中にもたらされました。

その中でももっとも重大な発見が、「不定域イデアル」という概念でした。この概念は多変数複素関数論という専門分野の難問を解決するために、岡潔が独自に開発したものでしたが、その影響力は、専門分野の狭い垣根を越えて、数学の多くの分野に波及していきました。とくにこの「不定域イデアル」という概念が、アンリ・カルタンによってさらに形式化されて「層（仏 faisceau、英 sheaf）」という概念につくりかえられますと、現代数学のもっとも強力な概念道具の一つであることが認められるようになり、その重要性は今日ますます輝きを増しています。

この「不定域イデアル」という概念には、数学の領域で発揮された岡潔の天才の特徴がはっきりと示されているように思われます。その特徴はその概念に隠されている「レンマ学的本質」にある、と私は考えています。今日の話は、そこで「不定域イデアル＝層」のレンマ学的構造に重点をおいて、進めていきます。「レンマ学」というのはあまり聞きなれない言葉でしょうから、これからおいおい説明していきたいと思います。

さて岡潔の思想をかたちづくる三本柱のうちの二番目は、「情緒」と日本文化の問題です。私が中学生ぐらいのとき、岡潔の著した『春宵十話』という本が出版されて、たいへんなベストセラーになりました。この本の中で岡潔は、日本文化の真髄は「情緒」という独特な思想のうちに見いだすことができると説きました。「情緒」のうちには知性と感性が一体となっており、日本人のものの感じ方、考え方の土台をつくりなしていると同時に、日本文化そのものが、この「情緒」の上に築かれていると説かれました。

私は岡潔の取り出したこの「情緒」という概念（概念というより、その基礎をなす前概念といったほうが正確かも知れませんが）が、数学の領域で彼が発見した「不定域イデアル＝層」の概念と、思想としての構造がよく似ている、と感じてきました。私はあいまいなことを言って、皆さんを煙に巻こうとしているのではありません。論理的に厳密に考えても、そういうことが言えるのです。岡潔はじっさいに「数学に情緒を取り入れる」というような表現を使っていて、数学者の大半はそのような表現をスルーしてしまうのですが、私は今日の講演のなかで、岡潔の意図をできるだけ正確な論理で言い直し、深い理解にたどり着いてみようと考えています。ここでも「レンマ学」の方法が、大いに力を発揮することでしょう。

さて三番目の柱として、私は岡潔と仏教の関わりを取り上げようと思います。この主題はこれまでの岡潔論のなかでは、あまり重要視されてきませんでした。あるいはできるだけさらっと触れるだけで、通り過ぎられてきたようにも感じられます。岡潔は人生の後半に、山崎弁栄《やまざきべんねい》（弁栄上人）という念仏系の仏教僧の創始した「円具宗《えんぐしゅう》」の唱える「光明主義《こうみょうしゅぎ》」の思想に、深く傾倒しています。自分でも光明主義の教える念仏的瞑想を実践され、晩年におこなわれた講演の中などでは、はっきりと弁栄上人と光明主義の名前をあげて、その重要性を力説されました。

これほど明白な事実はないのにもかかわらず、岡潔と光明主義との関わりを、公平な立場に立って深く論じた研究も、残念ながらまだありません。とくに岡潔の数学について論じた方々の多くが、このつながりを無視しようとしてきました。合理主義的な数学が非合理的な念仏系仏教とそんなかたちで結びつくはずがない、と多くの人たちは考えています。岡潔の人生にそんなことが起きたのは事実だとしても、それは晩年の気の迷いから生じた微笑ましいエピソードにすぎない、と思われているのかも知れません。しかし、「レンマ学」の立場に立つと、ここでも岡潔の数学思想と仏教思想とが、深いレベルで共振しあっている様子をはっきりと見届けることができます。

私はこれからの話で、岡潔の思想をかたちづくる三つの領域、すなわち数学、情緒、仏教の三領域が、一つの統一体をつくりなしていることを、あきらかにしてみようと思います。三つの領域はバラバラなものではなく、一つの思想的源泉からそれぞれの表現の平面にあらわれたもので、表現領域を対称変換してみると、お互いに他の表現領域の思想に移りゆくようにして、岡潔という大きな思想体に統一されているのです。

そのような理解が得られるためには、「レンマ学」の方法によらなければなりません。そうでないと、数学のことは数学のこととして、情緒のことは情緒論として、仏教のことは仏教のこととしてというように、統一された思想をバラバラにして論ずることになってしまい、とうてい岡潔という巨大な曼荼羅にたどり着くことはできないでしょう。

2

岡潔は人間の心は、「第一の心」と「第二の心」という、二つの心の働きの共同作業としてつくられている、と考えました。「第一の心」というのは、主に脳科学でいうところの前頭葉の働きとつながりがあるもので、事物を合理的な思考で処理することができます。これに対して「第二の心」では、事物が無限縁起の連鎖として運動している様子を、全体作用として把握することのできる、直観的な心の働きをさしています。岡潔が参考にしていた当時の脳科学の理解でいうと、この心的作用は脳の頭頂葉で主に働いています。「第二の心」は事物を分別的に論理で理解するのではなく、情緒的に全体直観でとらえます。

人間の心は、分別だけで働いているのではなく、無分別な直観だけで生きているのでもありません。この二つの心作用の協働として働いている「複合機構（Bimechanical、この表現は英国の学者ジュリアン・ジェインズによる命名です）」なのです。

この岡潔の考え方は、人間の心を「ロゴス的」と「レンマ的」の二つの働きの協働機構としてとらえようとする、「レンマ学」の立場と完全に合致しています。「レンマ学」では、岡潔が「第一」と「第二」としてとらえた心作用の内部構造をよりはっきりととらえることができるように、古代ギリシャ哲学の概念に置き換えることによって、問題を広大な領域に向かって拡大していこうという意図をもって、こう名付けられました。

「ロゴス的」な知性は、言語と密接なつながりがあります。ことに主語と述語をはっきりと立てて分離的に扱う傾向のある、論理性の強いインド＝ヨーロッパ語の言語構造と深い関係があります。「ロゴス的」知性は事物を分別するのに、格別な力を発揮します。しかしそうして分別された世界は、現実（リアリティ）をすくいあげることはできません。言語は線形構造をしていますが、現実はそんなふうにはできていないからです。現実に即応できるのは、「レンマ的」知性のほうです。この知性は全体性のほうに開かれていますから、「ロゴス」に理解できないことでも、「レンマ」には把握することができるのです。

古代ギリシャ人は、人間にはこの二つの知性が協働して働くことが必要だ、と考えていました。論理的な「ロゴス」だけでは、人間の知性には世界の実相がとらえられないということが、古代の哲学者たちにはよくわかっていました。ところが、そのギリシャでもだんだんと都市文明が発達してくると、「ロゴス的」な知性を偏重する傾向が強くなります。都市生活では、弁論や情報が重視されるようになり、自然と一体で働く「レンマ的」知性は、あまり重要視されなくなります。この傾向は西洋ではその後もどんどん強くなって、今日に続く合理主義的文明の基礎をつくりあげてきました。

ところが、東洋ではそれとは逆の発達がおこなわれました。各地での程度の差はあったものの、そこでは直観的な「レンマ的」知性を重視する文明が築かれていったのです。もちろん合理的判断を求められる科学や法律や商業などの分野では、独特の「ロゴス」的な技術知性が発達しています。しかしそれ以外の領域、たとえば日常生活を円滑に動かすための人間関係での工夫や、論理よりも情緒を重んじる文化、宗教的思考とそこから発達した哲学などの領域では、岡潔のいう「第二の心」にあたる「レンマ的」知性が、むしろ文化の創造原理として活動してきました。

『レンマ学』が明らかにしたことの一つは、「レンマ的」知性は「ロゴス的」知性からの派生などではなく、反対に「レンマ的」知性のほうが「ロゴス的」知性のいわば「産みの母」であるということでした。脳や神経組織によらないで生物に作用することのできる「レンマ的」知性は、ニューロンの関節構造を次々に通り抜けていくたびに「線形化」され、時間の構造を導入されて、事物を分別する「ロゴス的」知性に変換されていきます。ですから、「レンマ的」知性から「ロゴス的」知性が発生することはできても、その逆は起こりえないことがわかります。

しかも二つの知性の型は、まったく同じ場所で同時期に発生することもわかります。人間の心ではこの二つの知性が協働して働いている、というのはそのためです。そのためクールに数学の計算をしながら、同時に心は秋の情緒を存分に楽しんでいることなどが可能です。東洋文化のもっとも大きな特色は、西洋では背後に隠されてしまった「レンマ的」知性が、前面に出ているところにあります。

数学者岡潔の世界認識の出発点も、そこにあります。岡潔は私のいう「レンマ的」知性に基礎づけられた日本文化の伝統を日本人が取り戻さなければならない、という思いのもとに、戦後の日本人に力強い呼びかけを続けられました。そこには、まったく揺るがない統一された思想が、つねに息づいていました。

3

その様子を、まず数学の領域で達成された岡潔の仕事から、探っていくことにしましょう。

岡潔はパリ大学のガストン・ジュリアのもとで研究している頃に、「多変数複素関数論」に研究の的をしぼることを決めています。複素関数論は当時の数学の研究の花形でした。複素数として書かれた関数を無限級数の和に展開することによって調べるという、オイラーに始まる解析学の研究方法が、ワイエルシュトラスなどによって新しい現代的な解析学として急速に発達するようになりました。そこからいろいろなことが見えてきました。どんな関数でも三角関数の無限級数に展開することができる、というフーリエ級数の考え方が生まれ、それをもとにしてカントールの無限集合論などが誕生してきました。まさにこの領域は、二〇世紀数学の創造のための温床の場所だったのです。

岡潔が選んだ多変数複素解析論という研究分野では当時、ルンゲをはじめとする何人もの優れた数学者によって、とてつもない難問が次々に提出され、若い数学者たちがそれを解くことに挑戦していました。岡潔はそうした難問を、ほとんど独力で解いてしまったのです。その頃フランスにはアンリ・カルタンを中心とする解析学研究グループが活躍していましたが、遠く日本から送られてくる論文によって、これらの難問を次々と解明していった「OKA」というのは、（のちにフランスに出現する）BOURBAKIのように、じつは一人ではなく数学者の集団の名前だろうと思っていたそうです。それほどOKAは常人離れした能力を発揮していたのです。

岡潔がこの分野に貢献した発見の中でも、もっとも大きな射程力を持っているのが、「不定域イデアル」の概念です。この概念は、多変数解析論という特殊な分野の研究のためにつくられたものですが、その射程力はとてつもなく大きく、二〇世紀後半から二一世紀にかけての数学のほとんど全分野に、影響を及ぼしていくことになりました。カルタンによってこれが「層」という概念に整えられていきますと、それはたちまちホモロジー代数に大飛躍をもたらし、そこからグロタンディークの代数幾何学やマックレーンなどによる圏論の考え方などが発展するようになり、それは二一世紀数学をひっぱっている最重要な思想の一つとなっています。

「不定域イデアル」の考えを数学的に正確に説明するのは、私のような人文科学の研究者には無理な相談です。ですが、人文科学にはそのような概念が、人間の思考の中でどういう働きをするものであるかを、哲学的に理解することができます。さらには、そういう概念が人類の思想史の中でどういう位置を占めているのかを、理解することもできます。そういう立場にたって、これから岡潔による

「不定域イデアル」の思想を説明してみようと思います。そこではさきほどお話した「レンマ学」という方法が、絶大な力を発揮することになるでしょう。

「不定域イデアル」は、「曖昧さ」ということを数学的な厳密さをもって語ろうとしたものです。厳密に語ることができないから「曖昧だ」と言われるわけですから、これは一つのパラドックスです。しかし自然というのはパラドックスを含んでいて、岡潔に言わせるならば、数学をやることで人間は人工の都市を歩くのではなく、数学という自然の中を歩んでいくのですから、よい数学は自然なパラドックスを内包したものでなければなりません。

岡潔以前の数学では、アリストテレス以来の古典論理が標準（スタンダード）になっていましたから、論理は三つの基準、すなわち①同一律②矛盾律③排中律にしたがっていなければなりませんでした。これらの基準のうちの一つでも充たされていなければ、それは論理的に「曖昧である」という扱いをうけることになります。しかし二〇世紀の量子力学の発達以降、この古典論理の正当性が大いに疑われるようになってきます。

じつはライプニッツやオイラーのような大数学者は昔から、古典論理の基準を平気で破って自由な数学を実践してきたのですが、岡潔はそれをかつてない厳密さが要求されるようになった現代数学の中で、実行したのです。岡潔のいう数学的自然が成長していくときには、かならずなんらかの「曖昧さ」が作用していますが、その「曖昧さ」の挙動を厳密に追跡する技術として、「不定域イデアル」の概念は生み出されています。

「曖昧さ」の理解に突破口を開いたのは、みなさんもよくご存知のエヴァリスト・ガロアです。ガロアは五次方程式の解法という難問に取り組んでいるうちに、「群（グループ）」の概念に到達していますが、このときガロアの思考を突き動かしていたのが、外からみれば「曖昧」に見えるものも、その内部には厳密な内部構造がある、という考えでした。

簡単な例をあげましょう。「$X^2-2=0$」という方程式は、$\sqrt{2}$と$-\sqrt{2}$という二つの答えをもっています。Xのところに$\sqrt{2}$を入れても$-\sqrt{2}$を入れても、方程式はなりたつのです。言い方をかえれば、$\sqrt{2}$と$-\sqrt{2}$は、交換しても見分けがつかない、あるいは「対称的である」ということです。ジョンとポールの見分けがつかないというのでは、表面的にはこの現実は曖昧だということになりますが、方程式の表面にあらわれていない下部空間では、まったく厳密な計算がおこなわれていて、そこではジョンとポールは見分けられています。しかし方程式のレベルでは、曖昧さは曖昧なまま処理されていてもいいのです。これが「厳密な曖昧さ」の一例です。

ガロアはこういう考えを深めていって、「グループ（群）」の概念に到達しました。同じグループに属している成員は、相互に違っているのに見分けがつきません。そういう成員を交換しても、同じ計算結果が出てきます。ガロアが研究していた方程式論では、方程式というものがそういういくつもののグループの積み重ねとしてできていますから、このグループの内部構造を調べていけば、直接に方程式を解いたりしなくても、その方程式が解けるかどうかが、理論の聴診器を当てるだけでわかるようになります。ポアンカレは、「数学は違うものを同じものとみなす技術である」と語りましたが、このパラドキシカルな技術を自在に駆使して、ガロアは数学に新しい地平を開いたと言えます。

「厳密な曖昧さ」を追求しようとする数学は、その後大発展をとげるようになります。エミー・ネーターたちによって、代数学は「抽象代数学」に進化をとげることになりましたし、幾何学に導入されて「トポロジー」の代数学的な取り扱いが可能となり、さらにそこから「ホモロジー」という新しい数学が発達することになりました。

いったいこのとき数学には何が起こったのでしょう。私は、それは「グループ」の概念をきっかけとして、数学に「新しいゼロ」が導入されることになったからだ、と考えています。「グループ」は内部で対称性を保っています。そのため「グループ」内の要素を入れ替えても変化が起きません。この「グループ」によって集合の割り算をおこなうと、「余り」が出てきますが、この「余り」を集めてまた新しい数の体系がつくれるようになります。こうして「ゼロ」の働きをする「グループ」と「余り」とで、数の集合を分類することができます。

「ゼロ」の働きをするこの「グループ」を、ホモロジーでは「核（カーネル）」と呼ぶようになりますが、「核」は「ゼロ」でありながら「グループ」としての内部構造を持ち、さらにはこの「ゼロ」で割り算をすると、新しい分類体系が生まれてくるのです。逆の方向に行っても、豊かな世界が生まれてきます。割り算をすると、世界の表面からは「核」の働きをする集合は見えなくなってしまいます。ところがこの「核」集合に「余り」に関する情報を付け加えてみると、もとの集合が完全に再現されます。「核」は無でありながら、別の集合を生み出す働きを持ちます。ここには「無ではないゼロ」という、古代インドのウパニシャッド哲学に説かれているゼロ思想の現代版を見ることができます。

現実世界（それは分別システムによって分類をほどこされてある世界です）からは見えなくなっているのに、見えないこのゼロを付加することによって、世界の「実相＝リアリティ」が露わになってくるのです。

こういう思想はギリシャのプラトンによる「イデア説」と、多くの共通性を持っています。イデアは現実世界には現れてきません。ですからそれは無です。しかしこの見えないゼロであるイデアを付加することによって、人間は世界の実相を認識できるようになります。

たとえば現実世界の中には、ほんものの三角形も四角形も存在していません。学校の先生が黒板に三角形を描いて、「これが三角形です」と説明しますが、現実にはそこには「内角の和が一八〇度である図形」としての理想の三角形は実在していません。黒板はデコボコですし、チョークは荒い粉でできていて、黒板に描かれた三角形なるものは、じっさいには三角形などではありません。しかし人間はそこに見えないゼロである「三角形のイデア」を、無意識に付加することによって、「イデア＝ゼロ」＋「現実」からなる新しい超現実を頭に浮かべることによって、数学の議論をおこなうことができるのです。

プラトンの「イデア説」は現在でも有効な考えです。人間の思考の本質に、それは肉薄した思想です。ですからその「イデア」が、現代数学の中に「イデアル」として蘇っているのを見るのは、哲学者にはじつに感動的な光景です。「イデアル」はホモロジーでいう「核」に相当する概念です。つまりそれはプラトンの「イデア」と同じように、現実世界では見えない無にほかなりません。しかしこの無の「イデアル」を実在すると考えると、それまで因数に分解できなかった数が、その「イデアル」を付加した新空間ではみごとに因数分解を起こすようになるのです。クンマーやデデキントによって開発されたこの新しい「イデア説」は、現代数学に強力な武器を与えました。

コンピュータでもこれを真似たことがおこなわれています。人間は認識をおこなうとき、たくさんの情報を捨てて、対象の特徴をあらわしている部分だけを残して記憶や演算の機構に送り込む「縮減」ということをおこなっています。そうでもしなければ、目の神経細胞が捉えている膨大な情報を処理できる能力は、人間の脳にはないからです。情報縮減されたものを具体的な世界に戻すには、縮減してゼロの中に圧縮しておいた「イデアル」と特徴情報として記憶しておいたものを結びつけて、現実の再現がおこなわれます。私たちの記憶のメカニズムの深部でも、イデア説に真似たことがおこなわれているわけです。

ゲーデルが「数学の本質はイデアである」と語っていますが、彼の考えは正しいと私も思います。数学は「見えないゼロ」「無でないゼロ」であるイデア空間が実在しなければ、人間の脳には実行不可能なプログラムです。こういう考えが導入されるようになって、現代数学は昔よりもずっと自然（ナチュラル）に近づいた学問となってきました。岡潔はそういう数学的自然が、人間の心の中に実在していると確信していました。彼の「不定域イデアル」という概念は、その確信を多変数複素解析論という特殊な研究分野を舞台にして、現実のものとしようとしたものでした。

＊

「不定域イデアル」の考えを説明するためには、この分野のそもそもの出発点であるワイエルシュトラスの関数解析論にまで遡って考える必要があります。関数をテイラー展開して調べるという方法は、一八世紀にライプニッツとニュートンによって微分学が発見されてから大いに発展しました。そこから数を無限級数に展開して研究することがおこなわれだしました。たとえばつぎのような級数です。

$$\pi/4=1-1/3+1/5-1/7+\cdots\cdots$$

数学的にはこのような式の意味は考え尽くされているように思われるかもしれませんが、哲学的にはたいへんやっかいな問題をはらんでいます。この式で、左辺は大きさの確定した実数（無理数）ですが、右辺は無限級数の和の形をしています。いっぽうはいわば静止した数ですが、右辺は無限の加算運動を続けています。この式ではこのように性格の違う二つの数が等号（=）で結ばれ、等値関係におかれています。これは一体何を示しているのでしょう。

無限級数式を注意深く調べた新カント派の哲学者ヘルマン・コーエンは、左辺の数は個体化された「数多性」の数であるのにたいして、右辺は運動をはらんだ「総体性」の数であり、解析学は二つの異種の数を等値関係に置いていることに着目しました（『純粋認識の論理学』藤岡蔵六訳、岩波書店、大正一〇年）。右辺に運動がはらまれているのは、そこに微分操作の影響が直接及んでいるからです。コーエンによれば、微分は「純粋認識」という内在的な知性空間の中でのベクトルを取り出したものですので、そこには知性空間の「力」が示されています。この内在的な「力」が寄り集まってつくりだすのが「総体性」で、発散しない級数ではそれがある実数値に無限に接近していきます。その様子を、この式では二つの数を等号で結ぶことで示していることになります。

つまり微分学に基礎づけられている解析学は、「数多性」と「総体性」という矛盾する数の本質を統一したところになりたっている数学なのです。これはとても重要な視点だと、私は考えます。岡潔の「不定域イデアル」の概念の本質を考えるときにも、とても重要になってきます。「数多性」の数というのは、レンマ学の言い方では数に内在する「ロゴス性」をしめしていますが、「総体性」の数は内在空間（レンマ学でいうところの「法界」がこれにあたります）で縁起によって結び合う「レンマ性」の数の全体運動をあらわしています。そうなると、解析学では数の「ロゴス性」と「レンマ性」が一体になっている、ということになります。

「不定域イデアル＝層」の思想は、リーマンとともに関数解析学の基礎をつくったワイエルシュトラスの「解析接続」という考えから芽生えたものです（アールフォルス『複素解析』笠原乾吉訳、現代数学社、一九八二年）。あらゆる関数には微分法を用いたテイラー展開をほどこすことができます。ワイエルシュトラスはあらゆる関数 $f(z)$ を、まずつぎのような整級数であらわしてしまうことから始めました。

$$P(z-\zeta)=a_0+a_1(z-\zeta)+\cdots+a_n(z-\zeta)^n+\cdots$$

ワイエルシュトラスはこの式から、のちに発見されることになる「不定域イデアル＝層」の思想の原型となる考えを、「解析接続」の思想として打ち出しました。この整級数は、中心と呼ばれる複素数ζと複素数の係数列 $\{an\}\infty$ で決まります。この式のζをいろいろと変化させると、そのたびにζを中心とする整級数、たとえば $P_1(z-\zeta_1)$ がつくられます。この整級数は円板 D_1 で収束します。この新しい級数はD_1で解析関数$f_1(z)$を定義しますが、これは$f(z)$からの直接解析接続で得られたといいます。

fとf_1は共通部分$D \cap D_1$で等しいですから、fとf_1をいっしょにして$D \cap D_1$で一つの新しい解析関数を定義します。D_1がDに含まれなければ、こうやってfをより大きな新しい関数に拡張できたことになります。この方法を何度でも繰り返していけば、整級数の列P_0、P_1……P_nをつくることができます。この整級数の無限列は、各円板Dの共通部分ではfは等しいわけですから、近代数学の常套手段としてこの部分（すなわち解析接続した部分）をゼロと見たてると、隣り合う関数を互いに「同値」だと見なすことができます。

こういうやりかたで整級数$P(z-\zeta)$の全体を考えて、解析接続できる関数はみんな「同値」であると考えると、ここにこの同値関係による同値類を考えることができるようになります。こうして無数の関数のひしめく混沌の宇宙の中に、同値関係によって一つの秩序が生まれてきます。同値類の背後には、ヘルマン・コーエンの言う「生産する無」に相当する「イデアル」が貼り付いています。この「生産する無」のおかげで、不毛なカオスだった混沌宇宙が数学的生命を育む関数宇宙に生まれ変わることができたのです。ここにも「レンマ的」知性が働いています。「ロゴス的」知性だけでつくられた分別くさい宇宙では、豊穣を生み出す「生産する無」などは考えることができないからです。

ワイエルシュトラスはこうやって、解析関数論に確かな数学的な土台をつくりだすことができました。彼は「ロゴス性」と「レンマ性」の結合した、無限級数式であらわされる関数のカオス内部に、解析接続を「同値性」とする「ロゴス的」秩序を導入することによって、そこを数学の取り扱うことのできる宇宙に作り変えることに成功したのです。

ここには、数の個体性ないし数多性をあらわす「ロゴス的」操作と、数の連続性ないし相互連絡性をしめす「レンマ的」操作が、一つの概念に統一されている様子を見てとることができます。連続性と非連続性が統一されて、ローカルな情報が次々と隣のローカルに連絡されて（接続されて）、グローバルな秩序を描き出していきます。

ここから岡潔的な飛躍が始まります。解析学（岡潔の場合は多変数複素解析学といういちばん複雑な形をとった解析学）の諸問題を、一貫した思考技術で解くためには、「ロゴス性」と「レンマ性」を統合させた新しい「数」を発明する必要がありますが、この新しい「数」こそ、「不定域イデアル＝層」にほかなりません。この新しい「数」を使えば、解析学はずいぶんすっきりとした学問になっていくことでしょう。ワイエルシュトラスはまだ新しい「数」という発想にはいたっておりません。岡潔は最初にそれをはっきりと示してみせたのです。

岡潔は解析接続的な「イデアル」という「レンマ的実体」をすべての構築の土台に据えることによって、解析関数論の枠組み全体をひっくりかえして全部を書き換えることを考えつきました。つまり「有」ではなく「ゼロ」を土台にして世界を作り直すという試みです。

岡潔は「不定域イデアル」の定義において「イデアル」思想を前面に出していますが、カルタンたちの「層」の思想では、そのことは背後に引っ込められて、「層」といううきらびやかな概念道具がいわば思考の「道具」として、前面に躍り出ています。岡潔はそのことが不満だったらしく、最後まで「不定域イデアル」という用語にこだわりました。それはおそらく、岡潔が数学を思考の技術の体系としてではなく、哲学的思考の産物だと考えていたことに起因していると思います。数学は工学的な技術（テクネー）ではなく、芸術的な学術（ポイエーシス）である、という固い信念をそこに見ることができます。

岡潔が数学においておこなったもっとも重大な発見は、数の学問に「レンマ的」知性の働きを組織的に導入したことにあると、私は考えます。この発見は、岡自身の思考（あるいは無意識的思考）の中で活発に活動していた、「レンマ的」知性の働きによるものです。「ロゴス的」知性だけでは、「不定域イデアル」のような新しい「数」の発見は不可能です。なにしろその概念そのものが、「レンマ的」知性の構造を内部に含んでいるのですから。

数学はこのとき新しい地平に踏み込みました。私はけっして大げさな言い方をしているのではありません。そのことの意味がほんとうに理解されるまでは、まだ時間がかかるかもしれませんが、変化は確実に見えるようになってきています。古典集合論の限界を超えるべく、排中律を取り除いてつくられた直観主義的集合論は、「層」の理論ときわめてよく似た構造をしていることがわかっています。また「層」を組み込んだホモロジー代数は、現代のトポス理論の基礎となっています。非古典的構造をした新しいタイプの数学は、多かれ少なかれ「層」の理論の影響下にあるといっても過言ではありません。ですから岡潔によって開かれた新しいレンマ的数学は、いまだたどり着くところの見えない、未来に属しているのです。

4

ここから岡潔が生涯の大問題とした、二番目の思想の柱が立ち上がってきます。それは日本人の精神（心）の問題です。数学は人類の知性の普遍的な能力をもとにした学問ですので、それに「日本的」とか「日本人の」とかいう限定をつけるのはおかしいのではないか、という考える方もいらっしゃるでしょう。当然の疑問だと思います。そこでほとんどの数学者は、岡潔の数学的業績と彼の日本論を分離して、問題を紛糾させないようにしてきましたが、「レンマ学」の立場に立つと、数学と日本論という二つの領域が、岡潔の中では密接なつながりをもっていたことに理由が見えてきます。

岡潔は人間の心は、普遍的な構造として、「第一の心」と「第二の心」の複合体としてできていると考えました。これは現代の脳科学の観点に照らし合わせてみても、間違いのない考え方だと思います。しかしこの普遍構造は、文明ごとに異なるあらわれ方をして、各地でつくられた文化を特色あるものとしています。前にも少しお話ししましたように、たとえば、西洋文明においてはギリシャの昔から、このうちの第一の心に重点が置かれ、第一の心を基本とする文化が発達をとげました。第一の心といえば、おもに大脳の前頭葉の活動をつうじて現象してくるもので、事物を分別する能力という「ロゴス的知性」となってあらわれてきます。このタイプの知性を重んじた西洋文明では、合理的で論理的な思考こそが、もっとも正しい心の働かせ方だという思想が正統的な考えとされました。

ところが東洋の諸文明では、むしろ第二の心の方を重視しました。事物の意味を直観的に全体把握する「レンマ的な」知性作用のことで、岡潔は当時の著名な脳科学者時実利彦にしたがって、この知性作用は大脳の頭頂部に現象してくると述べております。第一の心と第二の心からなる複構造は人類に普遍的なものですが、このうちの第一の心を重視すると西欧型の文明がつくられ、論理的な数学のような学問が栄えることになりますが、第二の心を基礎にすると情緒を重視する東洋型の文明が築かれるようになります。

しかし西洋と東洋が分離しだしたのはそんなに古いことではなく、まだ三〇〇〇年も経っていません。それ以前の両文明は、共通の土台に立っていました。それが三〇〇〇年ほど前に微妙な変化が生じはじめ、最初は小さな裂け目程度だったものがしだいに大きなクレバスのような違いに成長してしまいました。そのとき起こったことを、イギリスの古典学者ジュリアン・ジェインズが『二分心Bicameral』という本の中で、詳しく論じています。Bicameralという英語は、上院と下院で構成される欧米の二院制から来ている言葉です。

ジュリアン・ジェインズによると、三〇〇〇年前の頃までは当時の文明の中心地であった中近東やギリシャでは、神々は人間の内面にささやくような繊細な声で、語りかけをおこなっていました。「精霊のささやき」と呼んでもいいほどのかぼそさで、人の心の内面に交信をおこなっていたと言うのです。この内面からのささやきは第一の心には聞こえません。言語の仕組みによらないのが、精霊の語りかけの特徴です。この語りかけは第二の心にしか届きません。ところが三〇〇〇年前を過ぎる頃から、エジプトでもギリシャでも、神々が命令するような大声で人間に呼びかける現象が顕著になってきます。法律的なことに関わる命令を、人間に大声で呼びかけるのです。命令は言語の様式をとりますから、ここで働いているのは第一の心です。その頃にはエジプトには王が出現し、ピラミッドやさまざまな神像がつくられます。

こうしてその地帯に暮らす人々の心には、「二分心」の構造に変化があらわれ、精霊の繊細な呼びかけを理解できる第二の心を押しのけて、人間に道徳や法を与える神の声しか聞こえない第一の心が、権力の出現に支えられながら、圧倒的な力を持つようになります。しかしそこよりも東の地帯、すなわち「アジア」地帯では、第二の心の働きが弱まることはありませんでした。「二分心」の対称的な構造を持った心が働き続けることになります。こうして東と西への分離が、人間の心の構造の変化をきっかけに、深まっていくことになります。

その後、西洋文明では第一の心の働きによる合理主義的な文明が、おおいに発達することになります。灌漑施設やピラミッドの建設をとおして、エジプトやメソポタミアで「数学」というものが、まず実用数学として生まれることになりますが、ギリシャ人はそれを純粋な思惟のみによる抽象的な純粋数学に、つくりかえていきます。実用的な測量術として発達してきた数学を、公理と命題からなる「ユークリッド幾何学」に変容させていきます。ですから、今日まで続く数学の発達は、第一の心による第二の心の制圧を前提条件としてきたことがわかります。

岡潔が問題としたことは、まさにそのことに関わっています。第一の心の働きに基礎づけられた合理主義的な西洋文明の生みだした、最高の知的産物が数学です。明治維新以後は、日本人もその数学を近代文明の基礎学として学んできました。そして高木貞治をはじめとして西洋世界にも認められる重要な業績を残した数学者も、輩出するようになります。岡潔もそういう日本人数学者として活動して、世界というか西洋の数学界を驚かせるような発見をおこないました。

しかし、岡潔にはその数学が、第一の心の働きを過剰に発達させたところに生まれる知的活動であることが不満でした。人間の心は、第一の心と第二の心のバランスのとれた対称的構造としてつくられている「二分心」として働くとき、自然界のなかで調和のとれた役目を果たすことができます。そのとき人間の知性は、自然環境のなかで異形の存在となってしまうことがありません。第二の心の働きが第一の心によって阻害されていない世界では、戦争や環境破壊はおこりにくいのです。ヨーロッパの世界を体験してきた岡潔には、合理主義的な思考だけを発達させた世界の狭さや偏りがはっきり見えていました。

日本人の心は西洋人の心と、どうも違う仕組みで動いているらしいのです。印欧語と日本語の言語構造の違いがそれを生んでいるとも言えますが、その言語の違いを生んだのは、もっと奥にある心の仕組みの違いに原因があるはずです。それに日本人は科学技術の分野でも、欧米諸国にしっかりと伍していくことができています。つまり合理的思考をおこなう第一の心の部分に関しては、まったく対等な能力を持っています。違うのは、第二の心の働きを抑圧していない点にあります。日本人の心においては、第一の心と第二の心がまったく対等な重要性を与えられて、特有の「二分心」をかたちづくっています。

岡潔は日本文明の本質を、「二分心」という人類本来の心の構造を創造的に生かして発達させてきた点に見出せると考えました。そうしますと、数学のような西洋文明を代表するような合理主義一辺倒に見える学問であっても、その根底には「二分心」が働いているはずですので、そこに第二の心の働きを導入して新しい数学を創造していくことができるかもしれません。

そうしてじっさいに、岡潔は「不定域イデアル」などの概念を発明して、私のいうところの「レンマ的」な数学への道を開きました。第二の心の創造的開発によって、日本文明は独創的な寄与を、人類文明にたいしてなすことができるはずです。こうして岡潔の課題は、第二の心にもとづく日本文明の解明とその創造的活用という問題に、向けられていくことになりました。

岡潔の研究ノートを見ていますと、数学の難しい問題を考えているときに、同時に数学以外のいろいろな本を読んでいるのがわかります。芭蕉遺語集、芭蕉連句集、法句経、四十二章経、仏道経、明治天皇御集、佐藤春夫詩集、短歌読本、伊藤左千夫とか、こんなものばかり読んでいます。岡潔がこれらの日本的ないしアジア的テキストの中で活動している知性の型に、自分の脳の働きを同調させることによって、数学の難問を解く鍵を得ようとしている様子が、見えてくるような気がします。とくに芭蕉の連句や和歌集では、アジア型の知性活動がほとんど数学的な正確さで表現されていて、それを別の言い方をすれば「情緒的」ということになります。

それらの「日本的」テキストでは、第二の心が重要な働きをしています。その働きが言語の中心機能である第一の心の構造をとおして表出され、第一の心と第二の心の混成体として、芸術表現が生み出されます。そういう芸術的なテキストを繰り返し読むことによって、岡潔は心の表面近くに第二の心を浮上させて、それが働きやすい状態をつくりだそうとしています。こうして彼の心で、第一の心と第二の心が協働して働きだしますと、数学の難問に解決の緒が見出されるようになります。数学とは真実在のシミュレーションだとゲーデルは語っていますが、岡潔はその真実在に近づくために、自らの思考を「二分心」が自由に活動できる状態に近づけようとしているように思えます。レンマ的思考に近づいていくため、ということもできるでしょう。

「秋深き隣は何をする人ぞ」という有名な芭蕉の俳句を、岡潔は随所で引用しています。この俳句は情緒的な「二分心」でつくられた傑作ですが、さらに面白いことには、この俳句は「不定域イデアル＝層」の構造をしているのです。秋の夜、一人小部屋で考え事などをしていると、壁の向こうからカサコソという人の気配がしてきます。誰とも知らぬその人が妙に懐かしく感じられます。会ったこともない人だけど、いったい何をする人なんだろう。透明な秋の夜の、底なしの深さを持った空間に、人間がひっそりと存在して、なにごとか体を動かしている。芭蕉はその存在感を受け取って、自分の存在が拡張していくように感じます。私も彼も孤独な人間存在だが、こうしてカサコソという微妙な音だけを頼りにつながっています。このとき隣の人がいきなり障子を開けて「おーい」とこちらに入ってきたのでは、同一律が作動してしまうので、芸術は台無しです。同一律も働かない、排中律も働かない、この無底の空間の中で、矛盾をはらんだ他者どうしがコミュニケートしています。その様子は、さきほどお話しした層理論の原型をなした、無限級数で表現されたワイエルシュトラスの解析関数を思い起こさせます。

空間全域でカサコソという響きあいがつくりだされています。この響きあいが、空間に充満しています。いや響きあいそのものが空間をつくりなしている、といったほうがいいでしょう。空間全体が相依相関しあいながら、レゾナンス（共鳴）しあっています。その共鳴を感知するのは第二の心です。それに言語によるフォルムを与えるのは第一の心です。芭蕉は「二分心」の構造をした心で、この俳句をつくっていますが、岡潔はこの俳句を日本的な情緒の文化の最高表現の一つとみなして、高く評価するのです。数学もそういうものでなければならないというのが、岡潔の変わらぬ信念でした。

芭蕉の俳句は日本文芸の中でも奇跡的な特質を持っています。第二の心の働きをベースにした「二分心」の心の純粋形を表現しようとしているからです。もともとは都市的な機知の遊びから生まれた俳諧というものを、「二分心」そのものの表現に作り変えてしまったのが、芭蕉の芸術です。それに到達するまで大変な修練を積んだ芭蕉ですが、彼の弟子たちも人生のすべてを懸けて、師の道をたどろうとしました。芭蕉一門はほとんど修行者みたいにして、「二分心」の表現に尽くしました。そこには「私」というものがありません。岡潔が芭蕉一門に深く感動しているのは、そのことです。「私」は第一の心がつくりだすもので、「私」もなくまた「私の外の世界」というものもない、という状態に達しなければ、第二の心が十全に働き出すことはありません。

ですから「これはよい句だが、こちらはよろしくない句である」という判断が下される厳密な基準というものがどうやらあるらしい、というのも理解ができます。これはたんなる表現技術の技量の問題ではありません。第二の心が十全に働いて、「二分心」の自然な表現が出て来れば、おのずとそこに「よい句」というものが生まれてくるのではないでしょうか。

岡潔は数学においても「私」を捨てた「よい数学」というものが存在する、と考えていたように思えます。第一の心に執着しているうちは、よいアイデアは浮かんできません。論理的整合性をもった既知の思考に束縛されて、自由な創造性が動きだすことはできませんが、第二の心はつねに未知に向かって開かれています。そこからよいアイデアが浮かんできます。

岡潔が日本文化の特質をなす「情緒性」を力説したのは、よく誤解されるような「日本主義者」としてのイデオロギーなどではなく、創造性をもった生き方を実現するために、第二の心の働きを重視した文化をつくりだそうとしたからにほかなりません。第二の心はいわば「響き」の文化の根源です。この「響き」が情緒性に富んだ文化をつくりだすのです。

したがって「情緒」のテーマは、普遍的な人間性の問題に関わっているのではないでしょうか。人間は「二分心」の構造を持つ人類に進化をとげたときから、人間性というものを備えた生物になったのですが、農業革命後の世界でしだいに第一の心の優位する偏りを示すようになりました。それが今日の世界をつくりあげたとも言えますが、日本文明には第二の心に根ざすさまざまな文化が育ち、しかも今日にいたるまでその性質を維持しています。岡潔はそのことを日本人たちにどうしても伝えなければならない、という使命感を持ちました。

岡潔の数学はきわめて「レンマ的」です。それと同様に、岡潔の日本文化論はきわめて「レンマ的」で、それを感覚的に表現するとき独特の「情緒論」となって表出されたのだと、私は考えております。

5

残された三番目のテーマは、仏教です。アジア的な思考法である「レンマ」やその感覚的表出である「情緒」に関心の深かった岡潔ですから、とうぜん仏教にも関心を抱いたことと推察されます。『レンマ学』という本で示しましたように、仏教とくに大乗仏教は、徹頭徹尾「レンマ的知性」の働きに依拠した思想です。

大乗仏教の思想が発展していった果てに、「如来蔵」という思想が出てきますが、そこでは人間の心を「妄想心」と「真如心」の二つに分けて考えようとしています。妄想心は分別する心作用をさしていますが、真如心のほうは分別によらない原初的な無分別心をあらわしています。これは「レンマ学」の言い方で言えば「ロゴス的知性」と「レンマ的知性」にそれぞれ対応しています。また岡潔の言い方にしたがえば、「第一の心」と「第二の心」に対応しています。

仏教はこのうちの無分別な認識作用をおこなっている「真如心」に焦点をしぼって、その内部の構造や働きを徹底的に探ろうとしました。しかし分別的な「妄想心」のほうも放ってはおきません。二つの心作用は別物ではなく、また対立しあっているのでもなく、一体となって人間の心をつくりあげている様子をも、描き出しました。「真如心」が人間という生物的限定のなかで活動するとき、それは突如として「妄想心」に変容してしまいます。私たち人間はその人間という生物的限定のなかで、考えたり感じたり喜んだり苦しんだりしているのです。そのために心の本性が「真如心」であることが見えません。それを見えるようにするのが仏教の修行だと、考えられました。

つまり、仏教は人間の心は「二分心」としてつくられていることを前提にして、打ち立てられた思想であることがわかります。この点で、岡潔の心理解とまったく合致しています。日本人の心の特性を、西欧人のそれと比較すると、日本人における第二の心の優位を指摘することができますし、合理性の西欧人の心では第一の心の作用が圧倒的な優位性を保ってきました。そういう認識をとおして、岡潔は第二の心作用から生まれる「情緒性」に立つ日本文化の特性を強調しました。その考えは、根本において仏教の人間認識と合致しています。

じっさい日本では神道と仏教は、政治的な問題を抜きにすると、日本人の心のなかでは調和を保ってきました。仏教が外来宗教として入ってきた当初は、混乱もありましたが（混乱を助長したのは政治家たちの無理解によるもので、民衆の世界でははやくからこの二つは調和的でした）、空海などが活躍する頃になると、二つの宗教ははっきり「神仏習合」として、調和的な結びつきをつくりだすようになります。

高野山の真言宗が中心になって、この結びつきを進めようとする運動が、中世にはさかんになります。そのとき日本人の「二分心」的な心的構造が決定的な働きをおこなっています。神道と仏教はもともと相性がよいのです。それを無理に対立させようとした近代の宗教政策を見ると、いかに明治の国家的な宗教思想家たちが、西欧型の第一の心優位の思考法に毒されていたかがわかります。

岡潔はその後半生において、山崎弁栄《やまざきべんねい》という仏教僧の教えに深く傾倒するようになり、それまでの自分の考えをこの上人の思想に照らし合わせながら、再編成して考え直すようになります。山崎弁栄は幕末一八五九年の生まれで、さまざまな体験をへたのち一九二〇年に「円具宗」という独自の仏教一派を打ち立てるにいたります。円具宗の思想は「光明主義」という修道体系に整えられますが、この光明主義の思想と瞑想体系に岡潔は深く共鳴して、自ら実践をするまでになります。

山崎弁栄の光明主義は、法然上人の浄土宗の教えの近代的な形と言えると思います。法然の教えでは、親鸞の考え方と違って、身体的な修行を否定していません。念仏を唱えながら阿弥陀如来の浄土のさまを観想（イメージ）するという、密教的な修行法を否定しません。これは中国の善導が開いた浄土宗から、日本の法然の開いた浄土宗まで一貫した思想です。

親鸞に至ると、この身体的な修行法をすべて否定するようになります。観想もいらないし、念仏も不要であるという徹底的な乗り越えがおこなわれます。阿弥陀浄土の観想も、南無阿弥陀仏の念仏を繰り返し称え続ける念仏行もいらないというところまで、思想を進めていきました。親鸞はこれによって、古代と中世の世界で発達してきた密教的な仏教を否定したことになります。この点で、親鸞の教えはとても近代的な特徴を備えていたと言えると思います。そのせいで、明治以降の知識人は、親鸞の思想のなかに「現代を生きる仏教」を見出して、高い評価を与えるようになったのですが、岡潔はそういう近代知識人とは違う道を選んでいます。

山崎弁栄は法然流の浄土教の考え方を発展させようとしました。修行法においても、阿弥陀如来を眼前にイメージして、それに向かって南無阿弥陀仏、南無阿弥陀仏と何回も唱えながら、その観想を続けます。この瞑想が深まってきますと、阿弥陀如来と一体化してきて、自分と阿弥陀如来の違いがなくなってきて、まるで自分が阿弥陀如来になったような状態が生まれてきます。そのとき「光明赫奕として」自分と自分の周りが光に包まれる状態が現出してくるようになる。臨終のときばかりでなく、この修行を生きているうちからおこなって、自身の心と如来の心との融合一体化を実現しようというのが、山崎弁栄の思想でした。

如来の心との一体化が説かれるにいたると、「法界」の全体構造についての理解が必要になってきます。浄土教ではこのうちの阿弥陀如来浄土が強調されたのですが、山崎上人はそれにも飽き足らずに「法界」全体の構造を、光明宗の思想に取り入れるようになります。こうして空海の真言密教の考えが大きく取り入れられました。

山崎弁栄は岡潔の考える頭頂部で発生している第二の心の本質を、無分別智、無差別智であると言います。事物を言語で切り分けて、分別する知性とは異なり、無分別のレンマ的知性においては、事物の全体把握がおこなわれます。これを直観と呼んでもいいと思いますが、この直観には超論理的な仕組みがあります。それについては西田幾多郎の哲学が深い探究を進めています。「私は花を見る」というときには、まず認識の主体である「私」を立てて、その「私」が対象である「花」を見るという行為がおこなわれます。これは分別をあらわしています。しかし「私は花を見る。花は私を見る」という直観の中では、主客の同一化が起こっています。この直観のなかで分別が消失して、無分別智が動いています。

これは別名を無差別智と言います。事物の差別をしない、物事すべて平等であることをあらわしています。この無差別智の中には構造があって、それが大円鏡智、平等性智、妙観察智、成所作智という四つのタイプの知性作用が働いており、それで人間の認識作用がおこなわれます。これについての詳しい分析が『無量光』という山崎弁栄の本の中に語られています。「無量光」。限界のない存在の光があふれているという意味です。岡潔の晩年の思想は、そこから影響を受けた光の存在論として展開されています。

岡潔はこの山崎弁栄の光明主義の考え方に深く共感をしました。残されている山崎弁栄の著作を見ますと、この上人がじつに並々ならぬ学僧で、近代における一流の大宗教家だったということがよくわかります。岡潔がこの山崎上人に目を付けたことには、大変重大な意味が込められていると思います。岡潔が抱えていた大問題である日本人の精神の問題や現代数学の問題を高いレベルで統一していくために、山崎弁栄の仏教哲学を必要としたということがよくわかります。

岡潔がじっさいに書いていることを見てみましょう。光明宗の思想は「二〇世紀の奇跡、まったく矛盾の見当たらない宗教」とまで断言しています。岡潔のような矛盾ということに異様なまでに敏感な数学者がこういうことを言っているのです。じっさい今また山崎上人の書いたものを読み返してみましても、山崎弁栄の教学には、曖昧なところがありません。もちろん宗教ですから、科学とは相容れない「如来の光明」のような要素をたくさん含んでいますが、それを論理としてみるならば、さきほども述べました「厳密な曖昧さ」の思想に貫かれていて、比喩もなければ、ごまかしもなく、当時の自然科学の学説と整合させながら、驚くほど見事に光明主義の教理を説いています。

岡潔はその晩年の講演において、この光明主義の思想を、科学者としての自らの体験と照らし合わせ、数学、素粒子物理学、大脳生理学などの現代的知見によって豊かに膨らませながら、人々に優しく説こうとしています。そこでは「二分心」による日本人の心はかつてこのようであり、またこれからもかくあらねばならないと説き、いまの日本人の心がいかに荒んだものになりはじめてしまったかに警鐘を鳴らしたあと、おもむろに、講演の後半からは、山崎弁栄上人のことが語り出されます。仏教思想は岡潔のいう第二の心、私のいうレンマ的な知性作用をもとにして、論理学や倫理学や心理学を打ち立てようとしたものですが、山崎弁栄はその仏教思想の原点に立ち返って、近代社会のなかで近代科学のような厳密さをもった、いわば新しい「レンマ学」を創造しようとしていました。岡潔はそのような姿に、深く感動していたのだと思います。

そんなわけで、私は岡潔の思想の未来には、前途洋々たるものがあると言いたいのです。岡潔は数学に「レンマ的知性」を投げ込むことによって、現代数学に未来への鍵を与えました。日本人の心が「二分心」としての円満な統一性をそなえていたことを、私たちに思いださせることによって、日本文化の本質をあきらかに示すことによって、熱狂によるのではなく、理性的なやり方によって、日本人が日本人である自分を愛することができるようになる道を示してくれました。岡潔の思想には、今日の世界を覆う閉塞から脱出していく可能性への、たしかな手がかりを感じ取ることができます。それにはまだまだ未来があるのです。

（この文章は「令和元年度　名誉市民岡潔　顕彰事業講演会『岡潔の未来』」として二〇一九年一二月二一日に和歌山県橋本市でおこなわれた講演に加筆修正をほどこしてできあがった）

第5章

解説

——三宅陽一郎

はじめに

二〇二二年六月九日、中沢新一氏と千谷慧子氏との初めての直接の打合せが山の上ホテルの会議室であった。私の知る限り直接という意味では最後の打合せでもある。私は木漏れ日の映る初夏の大きな机のはしっこに座り、二人の話に耳を澄ませている。その音は二つの偉大な思想がぶつかり合う音であり、同時に異なる思想がともにダンスする音でもある。暗闇の中で触れ合う二人の人間のように、お互いによって自分自身を、相手の姿を理解していくスリルがその会話の中にあった。そのエキサイティングな思想のステージはちょっとした高い場所にある。私の役割は山岳ガイドのように、そこまで読者をお連れして、本書をより愉しんで頂くことにある。そのお役目が果たせれば幸いである。では始めよう。

1 概要

この書は、レンマとロゴスの出会う場である。レンマは「大乗仏教の縁起の論理を土台として、新しい「学」を構築しようという試み」（中沢新一『レンマ学』講談社より）であり、一方、ロゴスはギリシア哲学由来の西欧の論理に基づく学問であり、通常、学問と言えば、後者が支配的である。中沢氏はこの偏向した現在の学のあり方に疑義を呈する。西欧型ロゴスで拾いきれない認識がある。それを

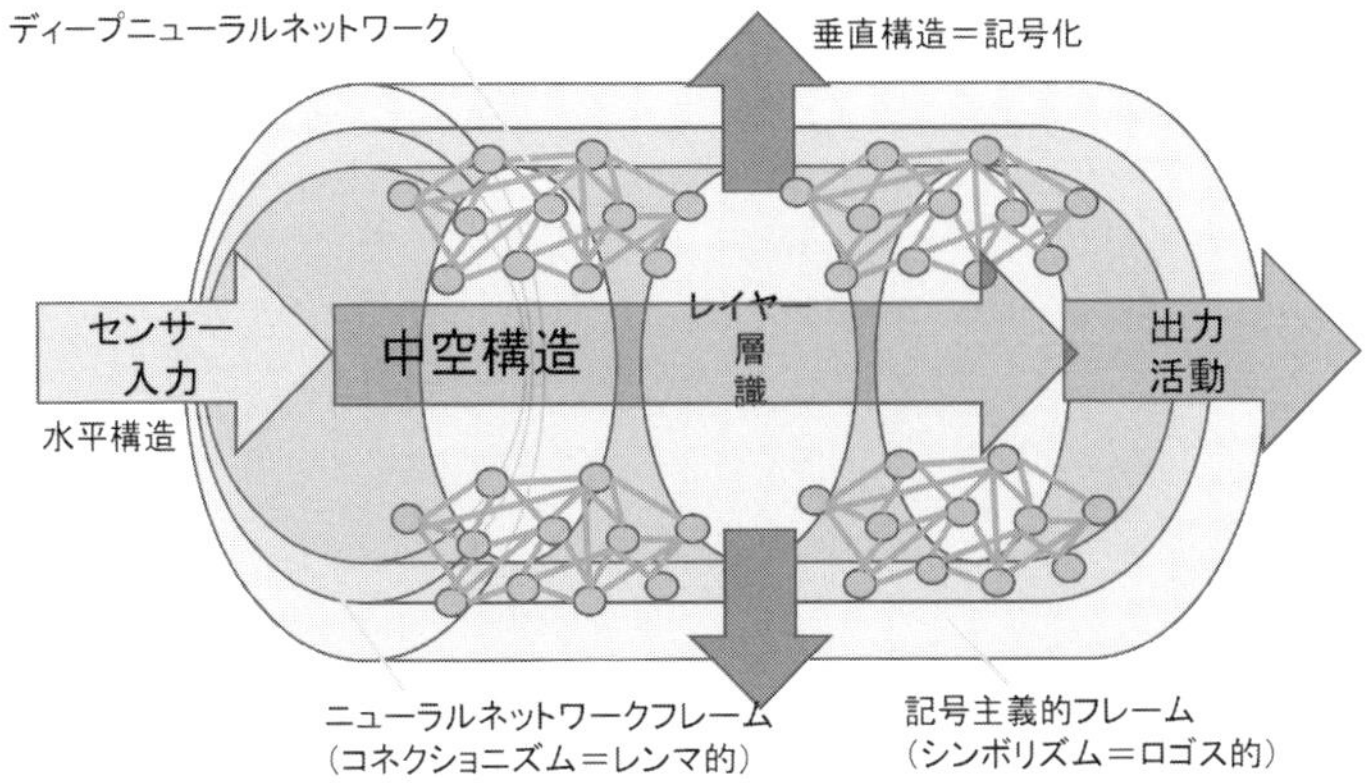

図1　ディープニューラルネットワークと記号主義

二〇一九年に『レンマ学』としてまとめられた。『レンマ学』は中沢氏の思想の結晶である。

一方、千谷氏は西欧的ロゴスの中心である数学、かつその中心である数理論理の専門家である。しかし、その数理論理の真ん中では、実は一般にロゴスとして規範とされている論理をさらに超える論理が定式化されている。それらは物事が重なり合う微小領域の科学である量子力学からインスパイアされた量子論理、さらに古くは無限と無限小をいかに論理に組み込むか、という微積分学からインスパイアされた展開を含んでいる。西欧科学の先端であるがゆえに、西欧科学からも少し浮いた存在になっている数理論理の最先端が、西欧科学から独立に新しい学を打ち立てようとする「レンマ学」とつながろうとしている。本書は、人類の作ってきた三〇〇〇年に渡る二つの潮流の学問が出会う重要な書である。

このようなレンマとロゴスの対決の背景には、人工知能の発展がある、と私は考える。人工知能は現在第三次ブームの終盤のはじまり、くらいであるが、第三次ブームの立役者はディープニューラルネットワーク（ディープラーニング）である。図1は、私が研究している人工知能のアーキテクチャ（設計図）である。円柱が階層的に入れ子になっている幾何学構造を持ち、左からセンサーを通じて情報が入り、活動を生成する通路（中空構造）があり、その周囲をディープニューラルネットワークが囲っている。ディープニューラルネットワークは胃のように情報を消化し外側へ記号へと変換していく。外側には記号を蓄積する層があり、記号操作を行うが、その根底にはディープニューラルネットワークがある。ディープニューラルネットワークは柔軟性があるが、記号主義はロゴスを象徴する厳密な規範を旨とする知能の形である。

　ディープニューラルネットワークはレンマとロゴスの中間に位置する。レンマから見ればディープニューラルネットワークはまず全体を捉えてそれを細分化する装置である。物事全体を入力する入力層から、それを分類した結果を出力するからである。分類の指針は与えない。ディープニューラルネットワーク自体が自ら分類の基準を見いだす。これを教師なし学習、或いは強化学習と言う。ロゴスから見ればディープニューラルネットワークは、物事をロゴス的に分類する装置である。あらかじめ分類する指標を与えておいて、それを実行させるロゴス実行装置である。これを教師あり学習という。つまり、レンマはディープニューラルネットワークを「世界を自ら咀嚼する装置」とみなし、ロゴスはディープニューラルネットワークを訓練することで、さらに「ロゴスを強力に推進する装置」と見るだろう。つまり、ディープニューラルネットワークはロゴスとレンマを含む中間領域を強力に推し進める原動力となっており、このことがこのタイミングで本書を成立させた原因の一端であると推測する。つまり、本書はまさに時代の子と言うべきものなのである。

2 『レンマ学』への道

中沢氏の深淵な思想の流れを紐解けば、そこには西洋のロゴスで構築された学問・知識の限界を見極め、新しい基礎を西洋、東洋を止揚した場所に求めようとする運動が見られる。『チベットのモーツァルト』（せりか書房、一九八三年）は現代西洋思想と東洋思想の接点と融合を説いた著作であり、『森のバロック』（せりか書房、一九九二年）は複雑系を介して論理と現象の超克を述べた著作である。『対称性人類学』（講談社、二〇〇四年）などのカイエ・ソバージュ・シリーズはロゴスが排斥し忘却させた「野生の思考」を描き出すことに成功している。それは人間が原初から育んできた思考であり、我々の根である。『アースダイバー』（講談社、二〇〇五年）は「場」を通して人間の歴史と思想を通時的に解き明かす。これらの著作は大きな影響力を持ちつつもそのメインフィールドは思想であった。『野生の科学』（講談社、二〇一二年）はロゴスによる人間の思考の支配に対する、全面的な「野生化」の対抗である。この「野生化」はロゴスにとらわれない人間が本来・古来持っている自由な思考を取り戻すことであり、このベクトルは南方熊楠にもつながり（『熊楠の星の時間』講談社、二〇一六年）、複雑系にも大乗仏教にもつながり、やがて「レンマ」へとたどり着く。

そして『レンマ学』（二〇一九年）である。『レンマ学』はこれまでの著作とは一線を画する。これは新しい学問の形の出発点を示す書である。いわばルネ・デカルト（一五九六―一六五〇年）の『方法序説』（一六三七年）、エトムント・フッサール（一八五九―一九三八年）の『イデーン』（一九一三年）のような、

	デカルト	中沢新一
書籍	『方法序説』(1637年)	『レンマ学』(2019年)
思考法	論理(ロゴス)	空の論理(レンマ)
論理値	2値論理(有、無)	3値論理(有、空、無)
中核となる表現	数学	華厳哲学
存在の形式	コギト(我あり)から出発する	自性がない(無自性)

表1　デカルトと中沢新一の比較

知の在り方そのものを革新し決定しようとする書である（表1）。それは大乗仏教から南方熊楠を経て、東洋と西洋をなべて内包し統一する新しい知の体系を提示する。そして、この『レンマ学』がどうしても対峙しなければならないのが「数学」である。デカルトの体系や論理が最も濃く現れる数学こそが、ロゴスを基本とする学問の中核として機能することで科学や学問は発展して来たからだ。逆にいえば西洋思想における数学に相当するものは、『レンマ学』において何なのであろうか。それは数学とは異なるものなのか、それとも数学が発展したものなのか、本書はまさに『レンマ学』の中心を問う場ともなっている。

3　レンマとロゴス

レンマ学は世界全体を縁起とその運動によって捉えようとする。世界は空であり、無自性である。華厳経の教えに従って、その顕れは自性ではなく、流れの交錯する現象の模様である。一方、ロゴスは我々が世界を捉えようとする規範（カテゴリー）を与える。レンマはまず全体を優先し、それを縁起から解きほぐす。一方、ロゴスは世界に先立って規範を提示しなければならない。その規範が柔軟に変化することはない。全体から出発してその中に固有の理（＝縁起）を見ようとするか、或いは逆にユニバーサルな論理規範から出発して世界を分割して行くか、両者は立場を異にする。しかし、後述するように、その両者の足場は相互につながっているかもしれない。

一九世紀までの数学には「実体」があった。数学者が対象とするのは、具体的な関数であったり図形であったりした。しかし二〇世紀の数学は「実体」を排除して形式を重んじる。それによって高度な抽象化を獲得する。つまり数学もまたそれ自身から自性を抜くことで発展してきた。自性を抜くことで記号はその定義を満たすものであれば何であっても良い。

現代数学は記号と矢印の世界である。何について話しているのか？　関係性について話していて、それは何についても話していないし、同時に、あらゆることについて話している。そうやって数学の抽象化は数学から自性を排除しレンマ学とつながっていく。本書が作られた必然性もそこにある。

ロゴスの規範はアリストテレスからデカルト、ジョージ・ブール（一八一五—一八六四年）、ゴットロープ・フレーゲ（一八四八—一九二五年）の変革を経て、ダフィット・ヒルベルト（一八六二—一九四三年）、バートランド・ラッセル（一八七二—一九七〇年）、アロンゾ・チャーチ（一九〇三—一九九五年）の数理論理学の中で探求されていく。ルートヴィヒ・ヴィトゲンシュタイン（一八八九—一九五一年）の命題論理に関する探求の書『論理哲学論考』（一九二一年）は、無制限に広がろうとするロゴスの適用範囲を明文化したものである。量子力学はしかしロゴスの変更を強いることになった。それは単にロゴスを変更すればいいというものではなく、実はロゴスのいう規範は、世界を認識する理を、都合よく準備していたに過ぎないのではないか、という疑義を多くの人に抱かせたのである。つまり、今後発展していく科学の中で、現在のロゴスが通用しなくなる度に、新しいロゴスの拡張を繰り返さざるを得ない、いわば、科学の都合次第でロゴスを書き換える必要があると考えさせる傾向を生んだ。「ロゴスはご都合主義的な準備に過ぎないのではないか？」そこで、ロゴスの自律性を確立するためには、科学以外の立脚点が必要である。ここで二つの道がある。一つは数理論理学として他の学問と独立に自律すること。これは二〇世紀を通じて、もう十分に果たされているように思える。もう一つの道はロゴス的科学以外の分野、つまりレンマ学と接続することである。実はこの二つの道は通じていた。これが本書の本質ではないかと思う。

4　数学と論理学の歴史的背景（一）

千谷氏の論考は数学者としての厳密なスタンスを保ちつつ、レンマ的世界への接続を数学から果たそうとする試みである。学としての数学から見れば一見特殊とも言える試みであるが、人間としての数学者は、古来よりロゴスとレンマをつなごうとしてきた。二〇世紀を代表する数学者であるアンドレ・ヴェイユ（一九〇六―一九九八年）は若くして才能を認められた気鋭の天才であったが、インド哲学の研究から出発し、そのキャリアをまずインドのアリーガル大学の教授として出発するのである。もちろん、それは、インド哲学における文献研究のためであった。さらに、千谷氏の東京大学の学生の頃の担当教官は、本文でも指摘のあるように「華厳経」の研究者としても名高い数学者末綱恕一

（一八九八―一九七〇年）であった。先に述べたように、現代数学は高度な抽象化のための意味や実体を捨象している。自性を失っている。同時にそれはあらゆる意味を内包する可能なフレームとなっている。千谷氏の論考は、そこで「数学のこの断面はレンマ学で言う、この部分ではないか」という問い掛けである。

ここで本書の理解の助けとなるように二〇世紀の数学の流れを解説しておきたい。一九世紀は様々な数学の分野が華開いた。ドイツではカール・フリードリヒ・ガウス（一七七七―一八五五年）が、フランスではオーギュスタン＝ルイ・コーシー（一七八九―一八五七年）を代表として、天才的な数学者が近代数学の分野を発見していった。数学の諸分野が発展し、一九世紀にはアンリ・ポアンカレ（一八五四―一九一二年）のような一人の数学者が複数の分野で活躍することも多かった。しかし一九世紀後半には高度な専門家が進み、それも次第に難しくなっていった。

二〇世紀の数学は、これまで蓄積されて来た数学体系の統一化と厳密化が推し進められた。その基礎となるのが「集合」と「位相」という概念である。数学の基礎には要素の「集合」があり、この各要素のつながり方が「位相」と呼ばれる。たとえば、ある一つの点があり、周囲の点の集合がある、と言った場合は距離を指標とする位相が想定されている。位相を設定すると空間が定まる。たとえば関数は集合を別の集合に移す写像として考えることができる。移す前に連続的につながっている集合、たとえば実数のような集合を関数で別の集合にした場合、元の集合の位相（つながり方）を維持するだろうか。これを維持するものを同相写像と呼ぶ。これが複数の複素変数を持つ関数だとどうなるだろうか？　一つの要素が複数の複素数座標から構成される位相空間から、異なる位相空間に多変数関数が変換する場合には、変換先の空間はどのような空間になるだろうか。

これを多変数複素関数論、通常は単に多変数関数論という。岡潔が研究したのは、まさにこの多変数関数論であり、一九世紀にベルンハルト・リーマン（一八二六—一八六六年）が発展させた一変数複素関数論の拡張である。岡のエッセイ「私の三高時代と京大時代」（一九六八年）には「私はリーマンの続きをやろうと思った」との記述がある。リーマンはこの研究から解析接続や多様体という数学的基礎概念を発見し、『レンマ学』でも取り上げられている有名なリーマン予想を導いたのであった。多変数関数論は高次元の多様体を扱うことになる。岡潔が探求したのは、一般的な多変数関数論であるから、心の目でしか見えない高次元空間の原理を、情緒によって捉えようとしていたと言える。

中沢氏が本文で指摘しているように、四年に一度開催される一九〇〇年の国際数学者会議の基調講演においてヒルベルトは「23の数学の未解決問題」（「ヒルベルトの23の問題」と呼ばれる）を提示し二〇世紀の数学の方向性を示した。彼は同時にこの講演で「我々は知らなければならない、やがて我々は知るであろう（Wir müssen wissen, wir werden wissen）」と言った。これは現在（講演時一九〇〇年）、数学全体の様々な分野が活性化しており、この数学者の全体的運動がやがてすべての問題を解決するだろうと述べたのである。ヒルベルトは同時に数学の形式化、いわゆる「ヒルベルト・プログラム」を強力に推し進めた。つまり公理から初めて形式的な手続きですべての定理が導かれるようにせねばならない。これを公理主義、或いは形式主義という。しかし、ヒルベルトの予測は思わぬ方向へと転換することになる。数学者が行っている思考とは何だろう。当のヒルベルトが推し進めていた公理主義、つまり公理から初めて定義と推論によって思考を進めていくやり方で数学が構成されていくとすれば、そこからこぼれ落ちていくものは何だろうか？　この探求が二〇世紀初頭に行われた数学基礎論・記号論理学の主題の一つである。この議論の出発点はライプニッツ（一六四六―一七一六年）の記号論理学であり、それを二階述語論理まで発展させたフレーゲ、そして論理学の原理から数学を構成した『数学原理』（一九一〇年）を記述したラッセル、ホワイトヘッド（一八六一―一九四七年）、観念から言語へと二〇世紀の哲学的転換を行った『論理哲学論考』を書いたヴィトゲンシュタインである。特にゲーデル（一九〇六―一九七八年）は「不完全性定理」という形で、ある公理系の中には証明できない定理が存在することを示した。ゲーデルは戦争によってアメリカのプリンストン高等研究所に移ることになるが、その講義に出席し薫陶を得たのが数学基礎論の世界的大家である竹内外史（一九二六―二〇一七年）である。竹内氏はイリノイ大学の教授をつとめられたが、日本において共同研究をされていたのが、本書の著者の一人である千谷慧子氏であり、竹内氏と千谷氏は共著論文と著作がある。

5　数学と論理学の歴史的背景（二）

有限集合は中学校で習う概念である。要素が有限個、つまり八個とか一〇〇個とかであるから、とても単純な話である。ところが数学は一般に無限集合を扱う。たとえば平面上には無限個の点がある。整数だって無限個ある。この無限集合に対する論理学の関係は、とても面白い。1センチメートルの線分と8センチメートルの線分はどちらが点を多く含むだろうか。実は同じだけ含んでいる。図2を見ていただければ、3センチメートルの線分の一点と8センチメートルの線分の点は一対一に対応し

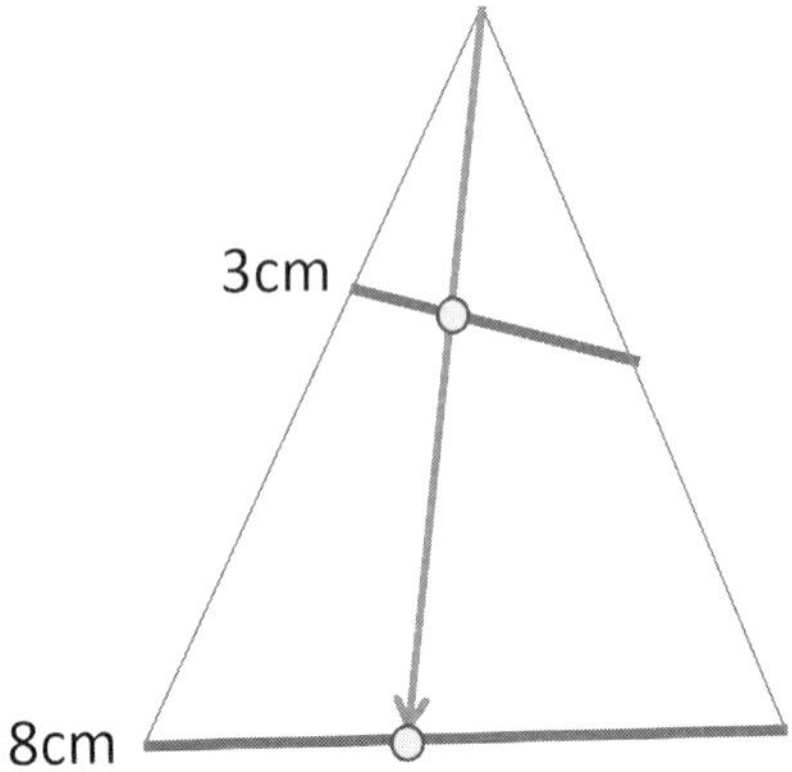

図２　無限を数える

ている。つまり、二つの線分には同じだけの無限個の点が存在する。これを数学では、同じ「濃度」である、と表現する。

無限を数え上げることはできない。そこに人間の直観を持ち込んではならないのである。整数の濃度は実数の濃度より薄い。整数と有理数の濃度は同じである。これはなんとなくわかりやすい。実際には有名な対角線論法によって証明される。こういった分野を開拓したのは、ドイツの数学者ゲオルク・カントール（一八四五―一九一八年）である。さて、さらにやっかいな問題なのが無限集合に対する論理学である。ある命題が成り立つ、ことを証明するのに、もしその命題が成り立たなければ矛盾が生じる、ことで証明する方法を背理法という。背理法で有名なのはユークリッドの平行線の定理である。二点を通る直線は一本である、という公理があり、もし二本の平行線が交わると一本になってしまう、という証明の仕方である。二〇〇〇年以上の歴史がある。しかし、この裏には「ある命題は真か偽である」という前提がある。これを排中律という。排中律は2値論理学の拠って立つところであるが、無限集合に対してはこれを前提にして良いだろうか。無限集合に対する命題が排中律を満たす根拠はなんだろうか？　実はその根拠をはっきりと述べることは難しい。無限集合に対する排中律を認めない立場を直観主義という。この直観主義を打ち出したのが、千谷氏の章でも登場するオランダの数学者ライツェン・ブラウワー（一八八一―一九六六年）である。ブラウワーの立場は、数学にある種の制限を加えることになるが、同時に新しい可能性をもたらすものである。数学は常に具体的な操作によって構成されるべき、と解く。これはヒルベルトの形式主義に対して構成主義と呼ばれる。

さて、ここに先立って、中沢氏と千谷氏の間に補助線を引くことができる。『レンマ学』はより詳しく見れば、その基礎をナーガールジュナ（龍樹、二世紀）の空論に置いている。即ち、世界を「有、無」でなく「有、空、無」によって捉える。有でも無でもない状態「空」、まだ有ではない、しかし、そこからあらゆるものが生起する「空」を思想の中心に置く。この論理学が『中論』（龍樹、二世紀）としてまとめられる。論理学に対しても、「是、非」ではなく、その間に肯定でも否定でもない状態を置くブラウワーの立場がある。「中沢氏―龍樹―ブラウワー―千谷氏」は、世界の是と非の間に広大な中庸領域を見ようとする。龍樹の立場、ブラウワーの立場、ゲーデルの立場、ナーガールジュナの立場は、出発点は違えども、同じ地点へ向けて橋をかけようとしているように見える。これらの融合する場所に中沢氏の『レンマ学』がある。そして本書がある。

6　岡潔、ロゴス、レンマ

岡潔、千谷慧子、中沢新一、この三者を結ぶラインは何であろうか？　その母体になっているのは、岡潔の数学、数学を超えたビジョンであろう。読者の方には、なぜ中沢氏が岡潔を引用しているのか、それが唐突に思われるかもしれない。そこで、ここでは岡潔について簡単に紹介しておく。

数学は主に幾何、代数、解析という三大分野に分類されることもあるが、岡潔はこの解析の分野における卓越した業績によって世界的に著名な数学者である。一九〇一年に大阪で生まれ、一九二五年に京都帝国大学を卒業し、同校で四年間講師をした後、一九二九年から国費留学でフランスへ渡った。ソルボンヌ大学の留学を延長した上で一九三二年に帰国することになるが、岡が「多変数関数論」を生涯のテーマに据えたのはこの留学時期である。この留学時期の内容については岡自身によるエッセイ「ラテン文化とともに」（一九六八年、エッセイ集『一葉舟』に収録）に詳しい。岡潔は非常に深く思考する人であり年単位で一つのテーマを思索し続ける。論文も決して多くなく、生涯で主要な論文は十数編を数えるのみであるが、世界的に高く評価されている。多変数複素変数の分野では、フランス数学会の会長も務めた重鎮であったアンリ・カルタン（一九〇四―二〇〇八年）と競ったがお互いに認め合う中であり、特に岡の第七論文は戦後間もないこともあり、一九四八年に渡米する湯川秀樹（一九〇七―一九八一年）に託され、プリンストン高等研究所でヴェイユに手渡され、そこからフランスのカルタンの元に届けられたと言われる。一九五〇年、カルタンは岡の第七論文の文章に手直しをして「フラ

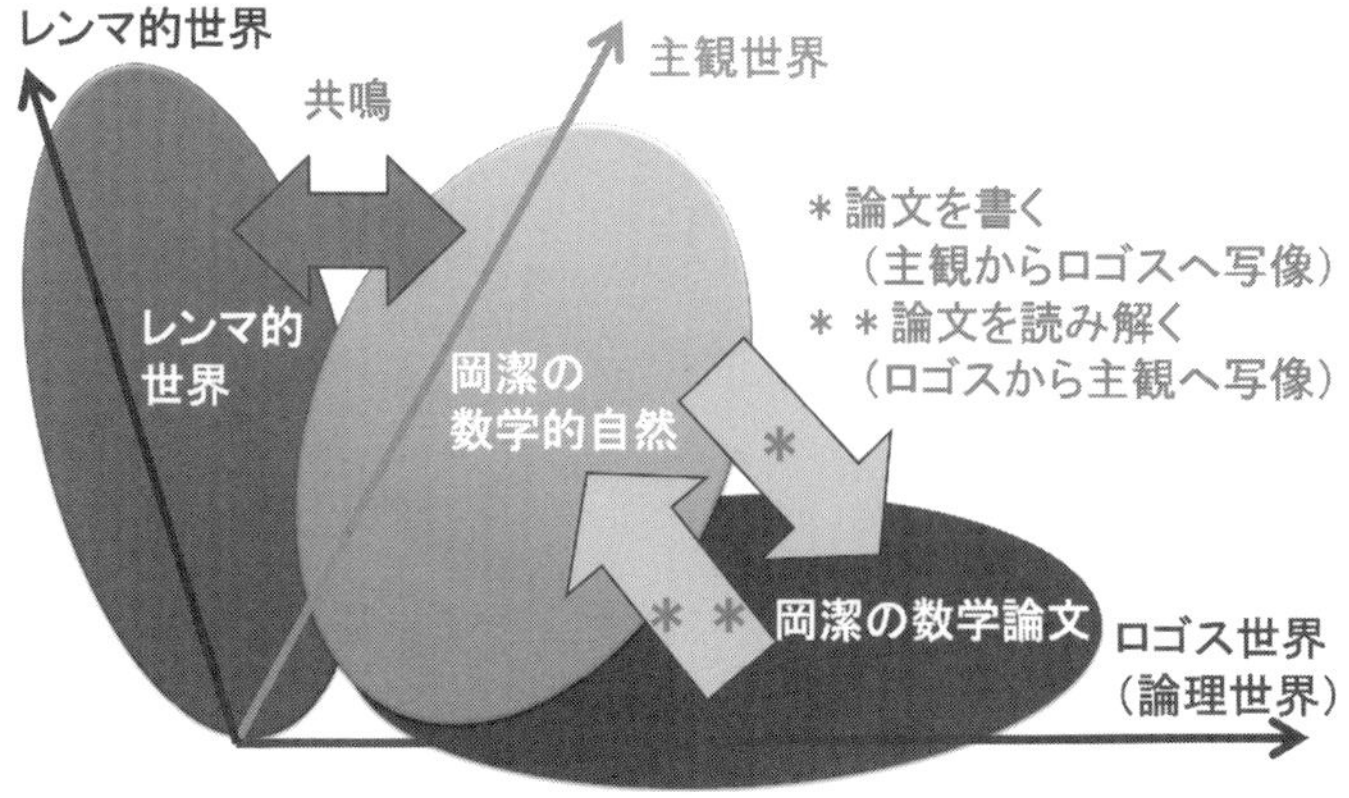

図3　岡潔の世界

ンス数学会雑誌」の第七八巻に収録する手間を取った。中沢氏の言及にあるように岡が「不定域イデアル」と呼んだものはカルタンの「層」に対応する。層は千谷論文の中にも現れる。

岡が注目するのは数学的対象ともう一つ数学する時の人の心で起こっていることである。岡はそれを「情緒」と呼んだ。単に数学を記号と論理と見るとき、それは数学の本質を見失ってしまう。岡は「自然科学者が自然を研究すると同じように、数学者は数学的自然を研究する」（「数学における主観的内容と客観的形式とについて」一九五三年）と述べている。また

その続きには以下のように数学について述べている。

ではその数学的自然は何処にあるかといえば、もちろん主観的存在です。研究対象が既にそうですから、他は一切そうであって、従って世の人々が数学の論文と呼んでいるものは、その主観的存在の文章の空間への客観的投影に外ならないのであ

ります。

つまり岡はここで、客観的形式である論文に投影される前の主観的世界にこそ数学的自然がある、と述べている（図3）。そして、この数学を内包する主観世界、特に自分自身の主観世界について岡は第十論文のあとに、沢山のエッセイを書き連ねる。最も有名なものは『春宵十話』（一九六三年）であるが『春風夏雨』（一九六五年）『一葉舟』（一九六八年）などである。岡は仏教にも触れ、自分の主世界の中に数学のみならず、生命、仏教、真理、いつくしみなど、多様なものを包容する。中沢氏はこの岡潔という人の中にロゴスとレンマが結び合う現象を見ている。徹底した主観世界の探求と同時に、数学の論文をロゴスに則って書き欧州の中心で評価を得た岡潔を語りながら、レンマとロゴスの関係を『レンマ学』の一つの実践として記述しようとしているのである。

岡の心の中には空がある。空からいろいろな数学的世界が現れる。そして、それを外に出すときには数学的形式に置き換え表現する。岡の中ではレンマ学と数学が同居している。レンマとロゴスが融和している。

7　岡潔、千谷慧子、中沢新一

不思議な縁によって、岡潔、千谷慧子、中沢新一はつながっている。人類学をはじめ広範な哲学をバックグラウンドとする中沢氏と、数学の中でもさらに純粋な数学基礎論をバックグラウンドとする

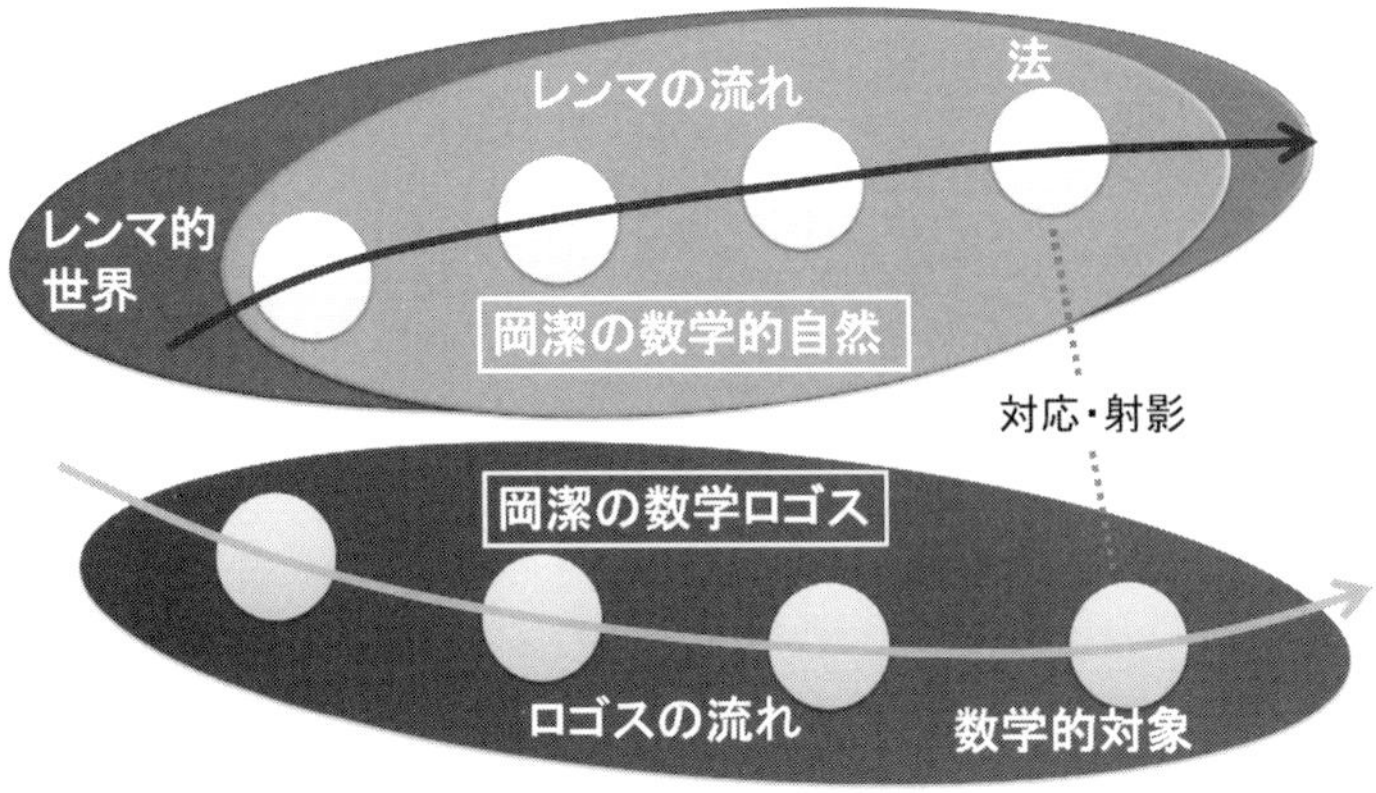

図4　レンマによる主観的数学的世界の構築

千谷氏は一見対立するようであるが、レンマ学の中で矛盾したまま内包されている。岡の数学とビジョンが二人の足元にあって、二人を地続きにしているのである。また、それは深く考察してみれば、南方熊楠のビジョンと言ってもいいかもしれない。ただ、それは抽象的な次元ではなく、数学というフィールドでも実際につながっている。岡潔の言葉をかりれば「主観的存在の数学への客観的投影」としてもつながっている。

特に岡の場合は、数学的自然、つまり主観的数学の世界を仏教の力、ひいて言えばレンマの力をかりて構成している（図4）。もちろん数学は純粋なロゴスやイメージによって研究することも可能である。しかし、岡は自らの数学的世界を構築するのに大いに仏教の力をかりているのである。『春風夏雨』（角川ソフィア文庫）の中の「絵画」と「湖底の故郷」というエッセイにおいて岡は以下のようなことを言っている。

数学の本質は禅と同じであって、主体である法（自分）が客体である法（まだ見えない研究対象）に関心を集め続けてやめないのである。そうすると客体の法が次第に（最も広い意味において）姿を現わして来るのである。姿を現わしてしまえばもはや法界の法ではない。（……）繰り返していうと、数学の本質は、主体である法が、客体である法に関心を集め続けてやめないということである。（……）禅と数学とは、本質は同じだと思われるのであるが、表現法は全く違っている。もし結果を科学にしようと思うのならば、数学の表現法のようなものを使わなければ困るであろう。（……）数学の実体は法界（正確にいえば事々無礙法界。四法界中最高）であって、数学するとは、主体の法が客体の法に関心を持ち続けて、後者が前者の上に表現せられる直前までやめないことであって、表現は数体系によってするのである。

岡は数学的難題の中に数学的自然が見えて来るまでじっと待つ。一年でも二年でも一つの問題に自分を集中させて、自分も問題も境界がなくなり一つの法（自然的流れ）となるまで待つ。そして数学的自然の世界が事々無礙法界として、つまり、数学の世界の各要素が自然に響き合っている様子を見出すのである。岡は自らの主観的数学世界を華厳経の教えに従って構成している。まさにここにレンマの力がある。レンマの力によって主観的数学世界の中に数学的自然を見出し、ロゴスの力に沿って数学的論文を記述する。ここにはレンマとロゴスの自然な融和がある。そしてこの岡の世界がレンマから来た中沢氏とロゴスから来た千谷氏を結び付けるのである。

これは余談であるが、戦後、岡潔が親友の秋月康夫（一九〇二―一九八四年、京都大学名教授。秋月氏もまた世界的数学者であり、日本の数学界に多大な貢献をした）の世話で、前身から改名し設立されたばかりの奈良女子大学に一九四九年に赴任した。そのときの奈良女子大学の初代学長はデカルトの『方法序説』の翻訳者である落合太郎（一八八六―一九六九年）である。秋月・岡氏が読んでいたのは岩波文庫に入る前の版であるが、落合氏は岩波文庫に入れる際には「改めて一次一次丁寧に推敲」された。これも同エッセイの中で書かれているエピソードである。ちなみに私はこの落合太郎訳『方法序説』（岩波文庫、一九六七年）を肌身離さず握りしめるように読んだ中学生であった。

正直、千谷氏の解説パートは難しく感じる読者も多いかと思う。千谷氏は、とても丁寧に、一段一段、誘うように心を尽くして書いている。しかし、数学の本は小説のように直線的に読むものではなく、ああでもない、こうでもないと何度も読み返して推論の道筋をジグソーパズルのように少しずつ埋めていく作業である。行間の思考を埋めながら、ようやく全体の認識を形成するものである。それはデカルトの『精神指導の規則』（一六二八年）を地で行くようなちょっとした行《ぎょう》である。数学科の学生はすべからくこの行を数年行う。また、さらに輪をかけて今回は、これがレンマ学とつながっているというところまで、ハイジャンプせねばならない。そういった試練を読者に強いることは本書のような傑作を読む読者を減らしてしまうのではないかと懸念する。そこで、ここでは正確さや厳密さは置いておいて、物語的に千谷氏のパートを解説していきたいと思う。ヴァイマールの詩人ゲーテ（一七四九―一八三二年）の言うように「数学は自分の流儀に言い直さないと気が済まない学問」である。いや、学問全般がそうなのかもしれない。その中でも数学は特にその度合い、形式的度合が強い。だから難しい言葉で書いてあっても、もともとの概念は我々が日常的に持っている概念の延長だと思ってほしい。

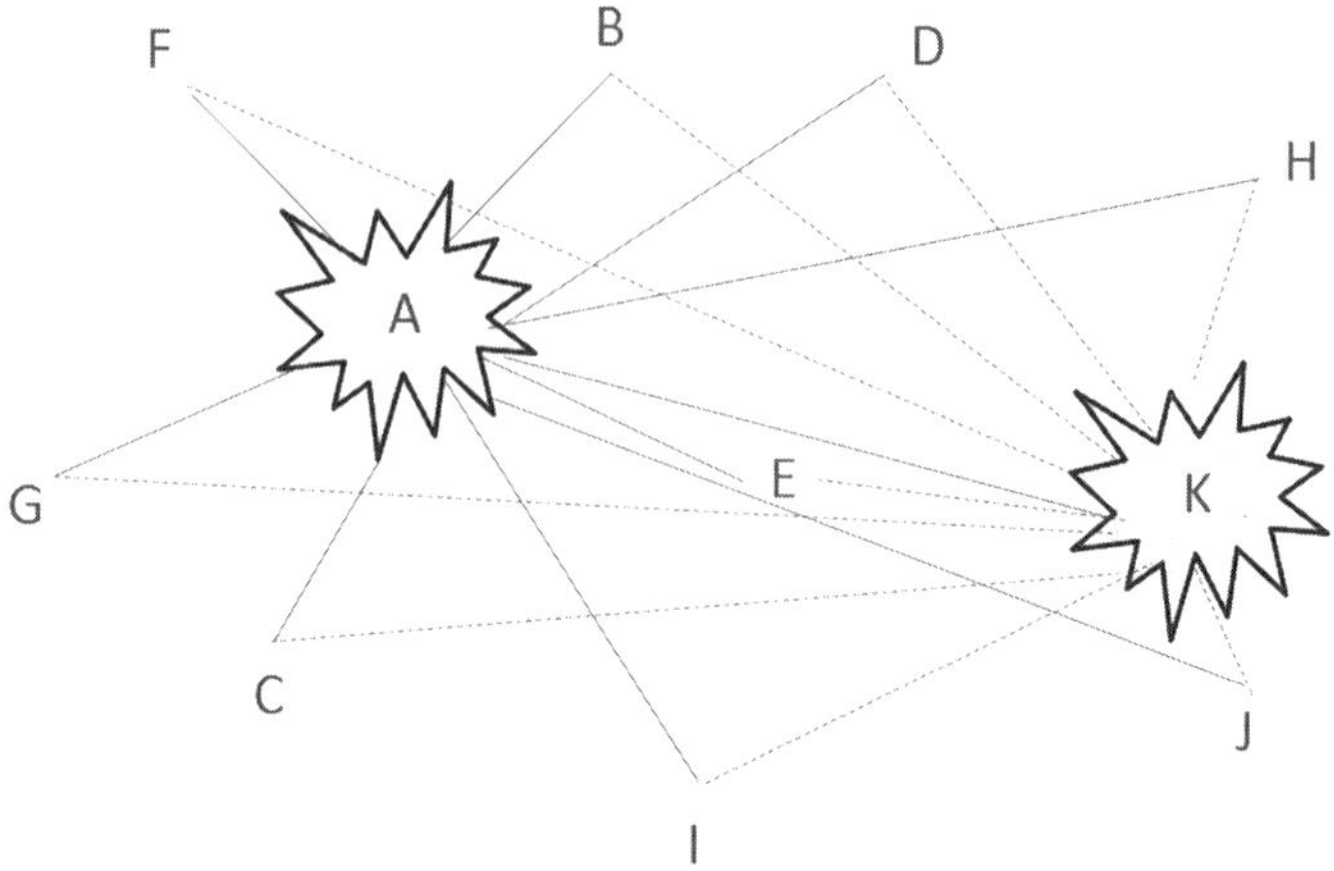

図5　すべての自性のない存在が響き合うイメージ（「事事無礙・理理無礙」『井筒俊彦全集　第九巻』慶應義塾大学出版会、2015年、47頁）

8　千谷論文のマンガ的解説

ここでは千谷論文をマンガ的に解説する。マンガと言っても図を中心に直観的に理解を目指す、と言った意味であり、正確さは二番目であるし、数学は岡潔風に言えば直観的に主観的に理解してから厳密な理解へ進めばよいので、ここではまず主観的を重んじて理解してしまいたい。

まず、千谷氏の論文の目的は「レンマ学が示す世界に、数学からたどり着くこと」である。レンマ学が示す世界とは、華厳経の描く「大小あまねくさまざまなすべての存在がお互いに響き合う空間」である（図5）。この一側面を切り取ったものは物理学の遠隔作用、つまり万有引力や量子力学ということになるだろう。一つとして独立した存在はなく、すべてがすべての響きの中にある。だから、華厳経では実体は空である。空とは無では

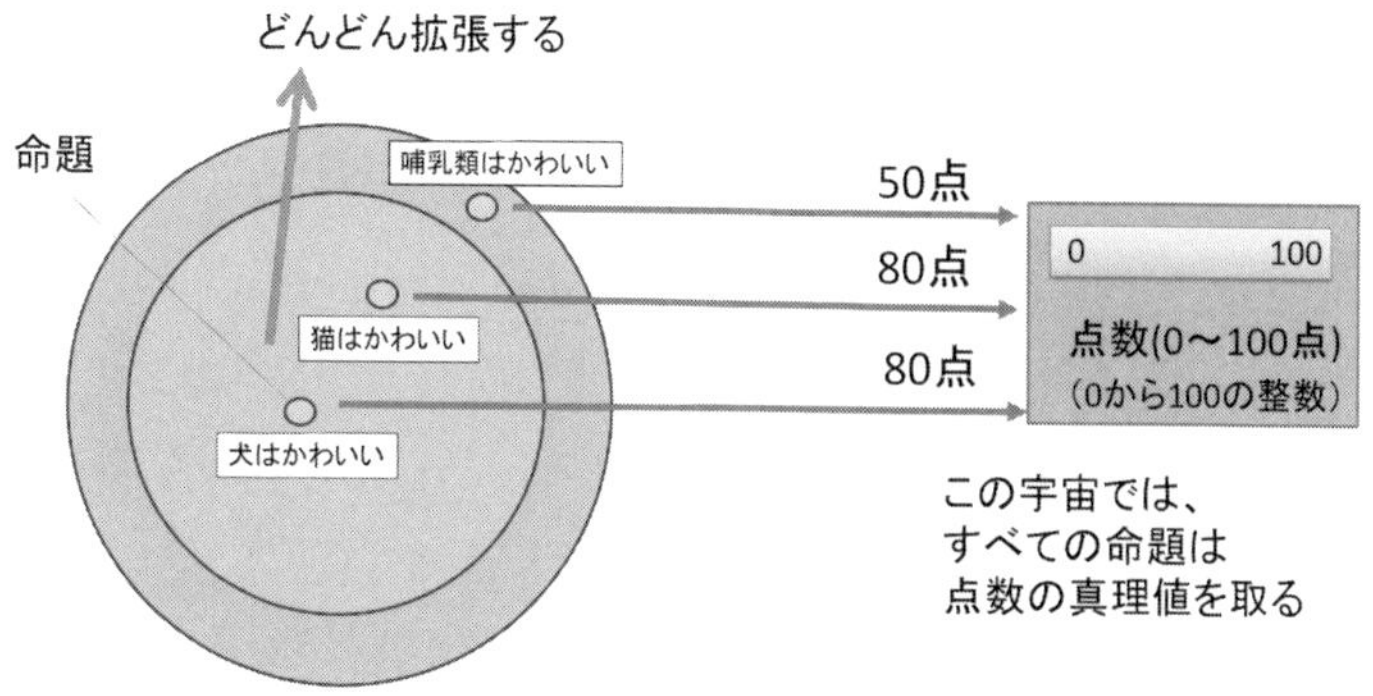
どんどん拡張する
命題
哺乳類はかわいい
猫はかわいい
犬はかわいい
50点
80点
80点
0
100
点数(0〜100点)
(0から100の整数)
この宇宙では、
すべての命題は
点数の真理値を取る

図6　練習用の宇宙

なく、すべてを生み出す可能性のある空間という意味である。これはポール・ディラック（一九〇二―一九八四年）やスティーヴン・ワインバーグ（一九三三―二〇二一年）の「量子場の理論」の真空と似ている。エネルギーに満ちた真空である。……というイメージをまず頭に持っていただき、次にこんなイメージの世界を数学で構築できるかな？　ということを考えていただきたい。それが千谷論文の出発点となっている。結論から言うとそれはできる。どうやるかと言うと、古典的世界をどんどん拡張して行く。古典的世界、多値論の世界、位相空間の世界、ヒルベルト空間の世界をたどって行けば、数学からものが響き合う世界を表現することが可能だ、と主張する。これを順番に解説する。

まず、本論文では何を考えるかというと、その世界では何が本当か、ということを考える。ここでいう「何が」は命題ということである。たとえば命題「ボールは離すと落ちる」は本当であり、命題「ボールを離すと飛び上がる」は嘘だから、本当は1、嘘は0のように、命題に1から0に対応させることを考えよう。この1とか0を真理値とい

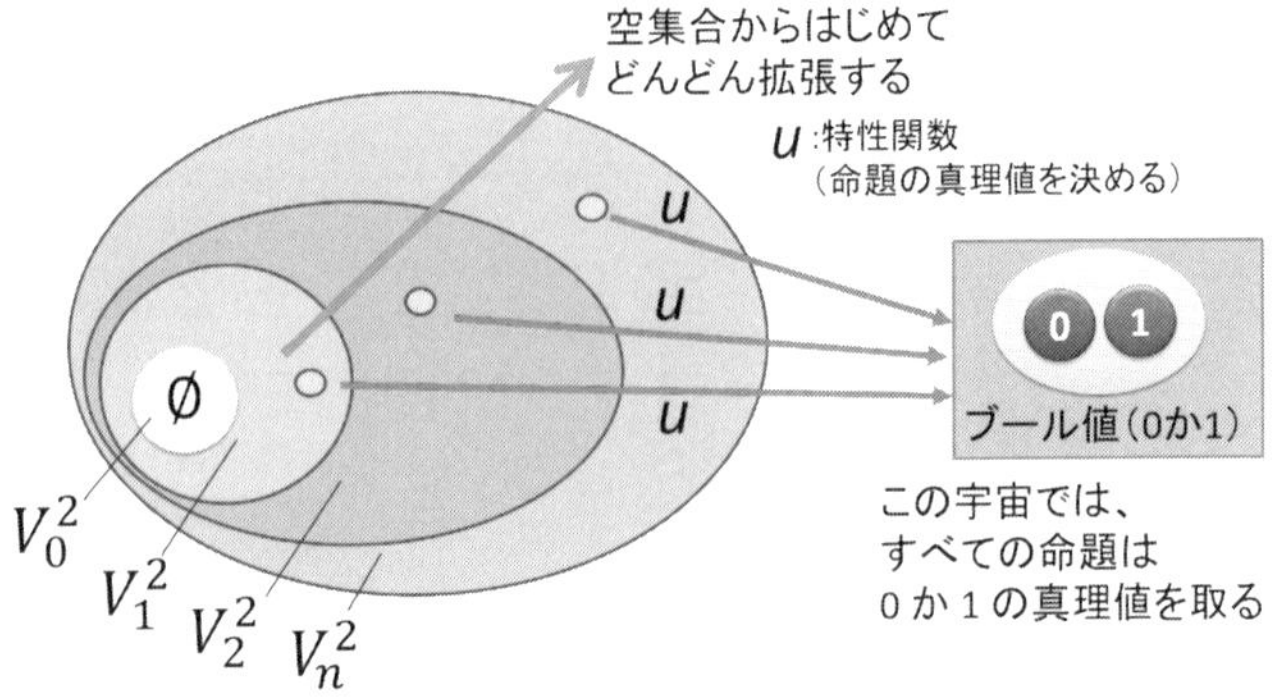
空集合からはじめて
どんどん拡張する
u:特性関数
(命題の真理値を決める)
u
u
u
0
1
ブール値(0か1)
この宇宙では、
すべての命題は
0か1の真理値を取る
∅
V_0^2
V_1^2
V_2^2
V_n^2

図7　V^2の世界（古典論理の宇宙）

う。命題に真理値を対応させる関数を特性関数という。本論に入る前にイメージを作るために、練習用の宇宙を用意する（図6）。この宇宙では命題に対して0から100までの点数を付ける。命題「猫はかわいい」「犬はかわいい」は80点である。そこから拡張して、より大きな括りで命題「哺乳類はかわいい」は50点である。これはイメージで言えば、何か言うと、たとえば「犬のしっぽは丸い」と言えば「30点！」と返ってくる世界である。以上が練習用の宇宙である。

ここから本題である。古典論理の宇宙とは、我々の日常的な世界を思えばいい。つまり、いろんなことが真か偽か2値論理で割り切れる世界である（図7）。この世界はまず空集合（∅）から出発する。そして、この集合を内包する集合を考える。次にこの集合を内包する集合を考える、というように、どんどん拡張していく。なので、どこまで行っても、入れ子構造のように、同じ構造を繰り返すことになる。V自身とそっくりな世界がVの中に構成されることになる。

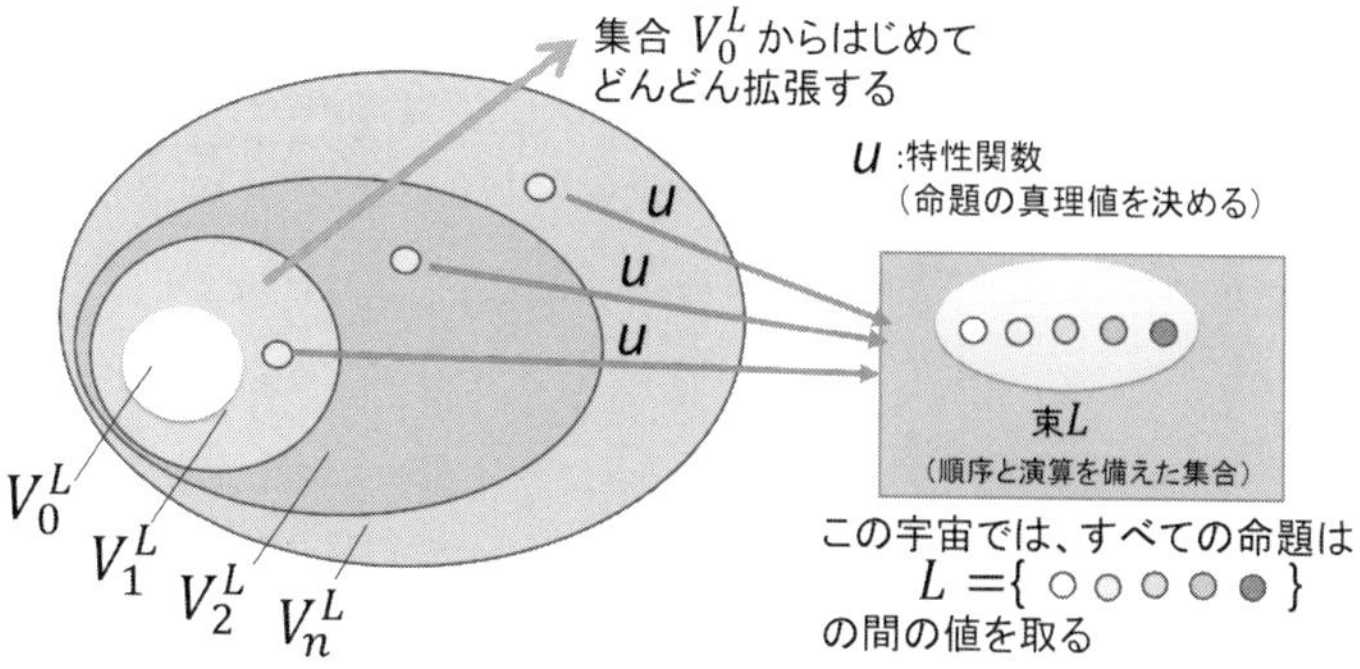
集合 V_0^L からはじめて
どんどん拡張する
u :特性関数
(命題の真理値を決める)
u
u
u
束L
(順序と演算を備えた集合)
V_0^L
V_1^L
V_2^L
V_n^L
この宇宙では、すべての命題は
$L=\{$ ○ ○ ○ ○ ● $\}$
の間の値を取る

図8　V^L の世界（多値論理の宇宙）

もちろん、いろんなことが真か偽で割り切れるわけではない。リンゴは赤い、リンゴはピンク、リンゴは白い、……いろんな色彩がある。真か偽か、ではなく、複数の真理値がある、としても良いはずである。これを多値論理という。「彼は今風だよね」「彼はちょっと今風だよね」「彼は少し今風だよね」「彼はちょっと今風とかなり今風の間ぐらいだよね」などである。多値論理は物事を1か0に割り振る、のではなく、様々な値に割り振るのである（図8）。つまり「彼は今風である」は0・7くらい正しい、などである。

では、さらに進んでいろんな命令の真理値を空間領域に割り当てる、ということを考えてみる（図9）。数学の言葉では「位相空間の開集合に対応させる」ということになる。数学では広がりを持つ世界のことを位相空間と言う。位相空間は開集合の集合であり、開集合は世界の一部のことである。この開集合を連続的に変換するのが同型写像（かつ同相写像）である。複数の開集合を同型写像によって行き来することができる。このあたりからわ

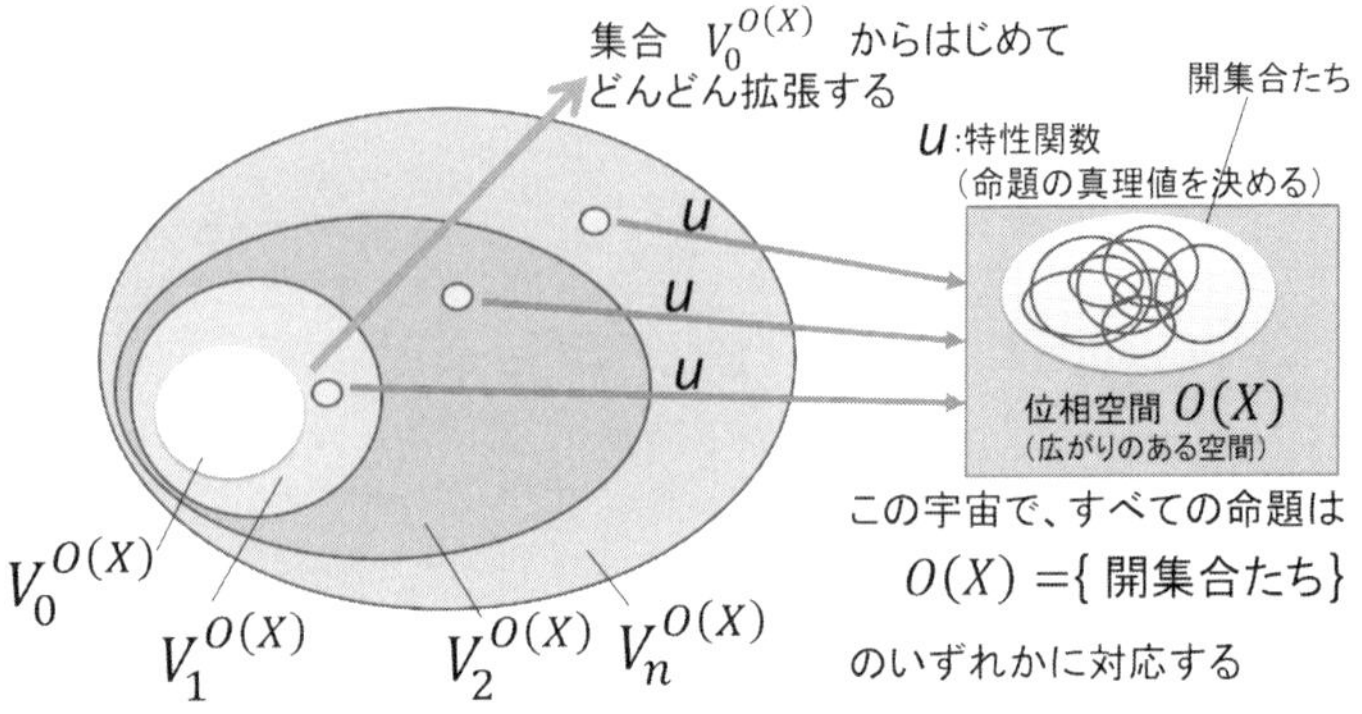
集合 $V_0^{O(X)}$ からはじめて
どんどん拡張する
開集合たち
u:特性関数
（命題の真理値を決める）
u
u
u
位相空間 $O(X)$
（広がりのある空間）
この宇宙で、すべての命題は
$O(X)$ ={ 開集合たち}
のいずれかに対応する
$V_0^{O(X)}$
$V_1^{O(X)}$
$V_2^{O(X)}$
$V_n^{O(X)}$

図９　$V^{O(X)}$ の世界（直観的集合の宇宙）

からなくなってくる。命題を開集合に対応させるってどういうことだろう。ここで２値論理を思い出してもらいたい。２値論理だって命題に１か０を割り当てるが、１か０には意味がなくて割り当てただけ、多値論理だって命題に集合の要素に割り当てただけ。今回はそれが開集合になっただけだ。開集合ということは、重なり合ったり、含められたり、二つが一つになってまた開集合になったりする。これはもう排中律が通用しない世界である。命題が真とか偽とかではなく、なんとなくこの真理空間のことあたりを占めているよね、ということである。このあたりは他の命題と重なっているよね、ということである。「あのバンドはビートルズとプレスリーを合わせた感じだよね」「この絵画は色彩としては前期ラファエロと似ているけど、明らかにダヴィンチの輪郭を模倣しているよね」といった感じである。

最後に量子集合論の宇宙である。量子論理の世界は量子力学を論理的に捉えた世界である。量子力学では相互作用が起こる前の状態は確定できない。それは可能性の

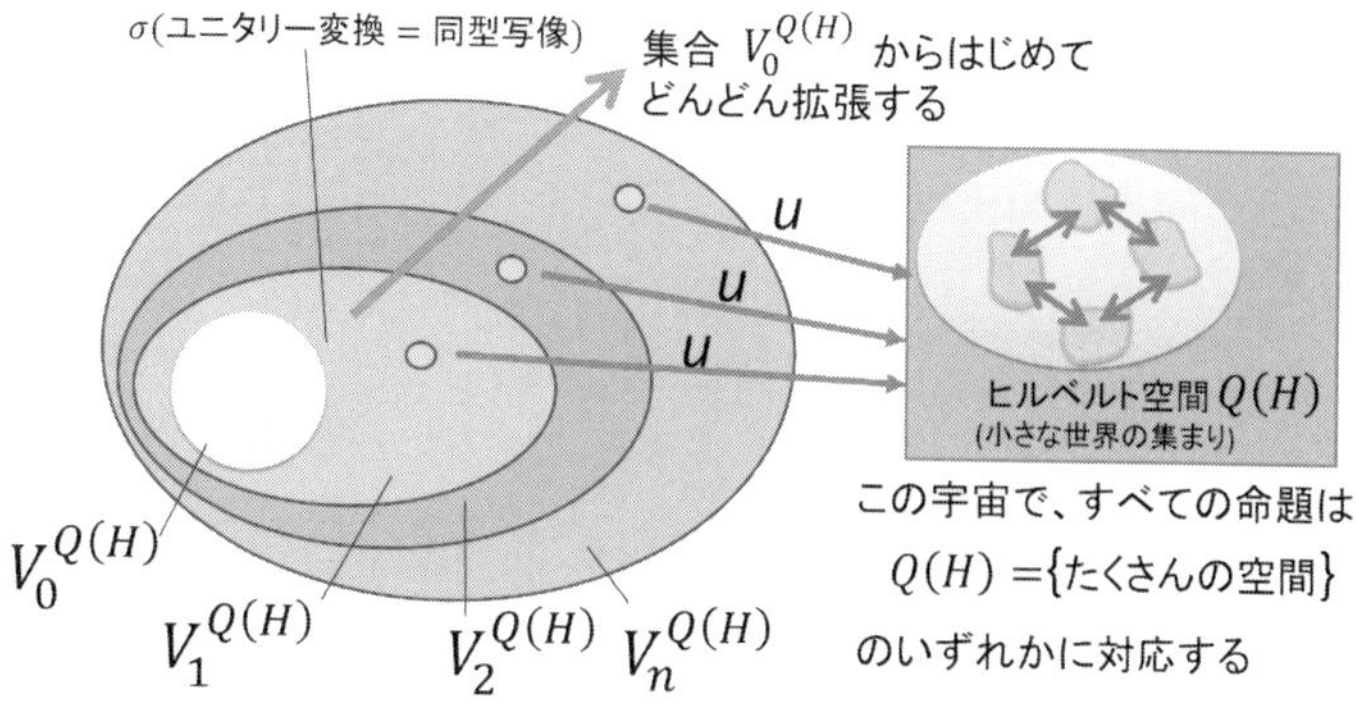
σ(ユニタリー変換 = 同型写像)
集合 $V_0^{Q(H)}$ からはじめて
どんどん拡張する
u
u
u
ヒルベルト空間 $Q(H)$
(小さな世界の集まり)
この宇宙で、すべての命題は
$Q(H)$ ={たくさんの空間}
のいずれかに対応する
$V_0^{Q(H)}$
$V_1^{Q(H)}$
$V_2^{Q(H)}$
$V_n^{Q(H)}$

図 10　$V^{Q(H)}$ の世界（量子集合論の世界）

あるすべての状態の重ね合わせである。たとえば夜の森の中を散歩していたとする。四つの影が前後左右に見えた！　この四つの影に四つの動物の可能性があるとすれば、以下の24個の世界の可能性を思い浮かべる。

世界1「Aは熊で、Bは兎で、Cは鹿で、Dは梟だ」

世界2「Aは兎で、Bは熊で、Cは鹿で、Dは梟だ」

世界3「Aは梟で、Bは兎で、Cは鹿で、Dは兎だ」

世界4「Aは兎で、Bは鹿で、Cは熊で、Dは梟だ」

（……）

世界24「Aは梟で、Bは鹿で、Cは兎で、Dは熊だ」

しかし、ライトを当ててみないとわからない。ライトを当てるまでは、すべて1／24の確率で24個の世界が重なり合っている状態だ。しかしライトを当てれば世界は一つに収斂する。目の前は熊だったのだ！

このように量子集合論の世界では、複数の直交した世界が多重に存在している。ここでいう「直交する」は独立した、というぐらいの意味であり、この世界のことを数学的にはヒルベルト空間という（図10）。そして、その世界同士がユニタリー変換によってつながっている。こういった理論を数学的に最初に整備したのはフォン・ノイマン（一九〇三―一九五七年）である。ノイマンは後に『量子力学の数学的基礎』（一九三二年）という有名な教科書も書いている。このユニタリー変換というのは、複素空間における回転を意味していて、簡単に言うと、それぞれの空間が高次元の空間で、ちょっとずつ違う向きを向いていて、それがユニタリー変換の回転によってお互いがお互いに変換可能だ。だから、それぞれの空間を変換によって渡ることができる。少し文学的に言えば、あっちこっちに向いた空間が響き合っている、ということである。

さて、ここからがまとめである。これまで$V^2 \to V^L \to V^{O(X)} \to V^{Q(H)}$というふうに論理宇宙を順番に見てきた。これはもとを糺せばV^2宇宙から、植物のように、どんどん発展して行ったものだった（図11）。このような層構造の果てに現れた$V^{Q(H)}$宇宙は、華厳経が示す「大小あまねくさまざまなすべての存在がお互いに響き合う空間」を表現していると見ることができる。これが、千谷論文の主旨であった。

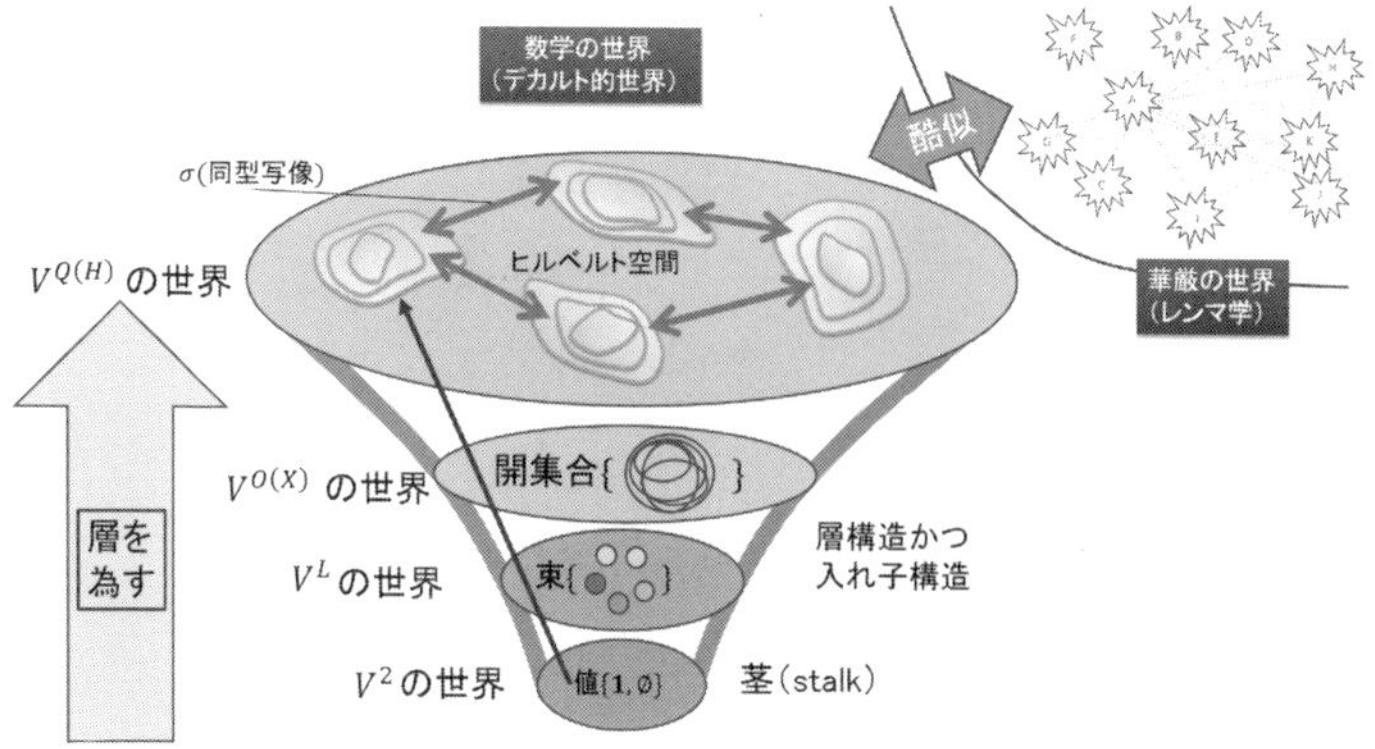

図 11　全体の層構造、入れ子構造

9　これからのレンマ学へ向けて

この書は壮大な書である。人類の持つレンマとロゴスにお互いから橋を渡そうとしている、前人未踏の試みである。結果として、ヒルベルト空間を用いた量子集合論の宇宙と華厳経の示す宇宙の間に橋が渡されたわけである。このことは何を意味しているだろうか？　本書の到達地点はどこであろうか？

レンマ学とロゴスがつながることで、レンマ学の中心が実は数理論理学によって表現された。逆に見ると、これは科学の中心がレンマ学によって表現される、ということでもある。レンマ学と対立するロゴスの中心が実はレンマ学の中心とつながっていた、逆に西欧ロゴスの中心はレンマ学とつながっていた、ということである。これは「陰陽太極図」みたいな話である（図12）。対立していたお互いの領域の中心は、実は対立していたもの自身であった。ロゴスとレンマ、レンマ学とロゴス学、この

図 12　陰陽太極図

相互の乗り入れによって、我々は新しく壮大でダイナミックな知的運動を手に入れることができる。あの魅力的な中沢氏の知的な運動と、千谷氏のソリッドな論理思考は、お互いがお互いの中心である。それは別々の空間にありながら同時に展開する運動である。そのようなレンマとロゴスを超越するような、新しい知性のあり方が、今後の新しいスタンダードになる。本書はその可能性を提示している。本書が示す新しい未来が、本書の最大のプレゼントである。

中沢新一（なかざわ・しんいち）

一九五〇年生まれ。人類学者。東京大学大学院人文科学研究科修士課程修了。京都大学特任教授。著書に『増補改訂 アースダイバー』（桑原武夫賞）、『カイエ・ソバージュ』（小林秀雄賞）、『チベットのモーツァルト』（サントリー学芸賞）、『森のバロック』（読売文学賞）など。

千谷慧子（ちたに・さとこ）

一九三二年生まれ。数学者。東京大学大学院数物系研究科博士課程修了。中部大学名誉教授。著書に『講座ファジィ　第一巻　ファジィの数学的基礎』、『Global set theory』など。論文に「An algebraic formulation of cut elimination theorem, J.Math. Soc. Japan」、「A lattice valued set theory, Arch. Math. Logic」など。

三宅陽一郎（みやけ・よういちろう）

一九七五年生まれ。AI開発者。博士（工学、東京大学）。東京大学生産技術研究所特任教授。著書に『人工知能のための哲学塾』、『人工知能が「生命」になるとき』、『人工知能のうしろから世界をのぞいてみる』など。

0の裏側

——数学と非数学のあいだ

2025年3月15日　第一刷発行

著　者　中沢新一＋千谷慧子＋三宅陽一郎

発行者　後藤亨真
発行所　コトニ社
〒274-0824　千葉県船橋市前原東5-45-1-518
TEL：090-7518-8826
FAX：043-330-4933
https://www.kotonisha.com

印刷・製本　モリモト印刷
ブックデザイン　美柑和俊
DTP　江尻智行

ISBN 978-4-910108-21-6